基于多源数据的
云南土壤墒情监测技术研究

王杰 张世强 诸云强 彭建 曹言 等 编著

中国水利水电出版社
www.waterpub.com.cn

·北京·

内 容 提 要

本书根据国内外土壤墒情遥感技术监测的现状，在调查收集云南省降水、气温、蒸发、土壤水分、遥感资料的基础上，开展了基于多源卫星数据的土壤水分遥感反演算法研究和不同遥感反演结果的融合研究。主要包括土壤墒情遥感监测模型的评价与选择、土壤墒情多源遥感反演模型的构建、土壤墒情遥感反演数据预处理、云南省土壤墒情时空分布特征、基于多源数据的云南省干旱分析和云南省土壤墒情监测系统等内容。

本书可供水利工程、水文水资源等相关行业的科技人员、管理人员参考阅读。

图书在版编目（C I P）数据

基于多源数据的云南土壤墒情监测技术研究 / 王杰
等编著. -- 北京：中国水利水电出版社，2016.12
ISBN 978-7-5170-5083-4

Ⅰ．①基… Ⅱ．①王… Ⅲ．①土壤含水量－土壤监测
－研究－云南 Ⅳ．①S152.7

中国版本图书馆CIP数据核字(2016)第323201号

书　　名	**基于多源数据的云南土壤墒情监测技术研究** JIYU DUOYUAN SHUJU DE YUNNAN TURANG SHANGQING JIANCE JISHU YANJIU	
作　　者	王杰　张世强　诸云强　彭建　曹言　等 编著	
出版发行	中国水利水电出版社 （北京市海淀区玉渊潭南路 1 号 D 座　100038） 网址：www. waterpub. com. cn E - mail：sales@waterpub. com. cn 电话：(010) 68367658（营销中心）	
经　　售	北京科水图书销售中心（零售） 电话：(010) 88383994、63202643、68545874 全国各地新华书店和相关出版物销售网点	
排　　版	中国水利水电出版社微机排版中心	
印　　刷	北京九州迅驰传媒文化有限公司	
规　　格	170mm×240mm　16 开本　8.5 印张　162 千字	
版　　次	2016 年 12 月第 1 版　2016 年 12 月第 1 次印刷	
印　　数	001—600 册	
定　　价	**36.00 元**	

前　　言

　　土壤水是联系地表水、地下水和生物地球循环的纽带，是物质传输和运移的载体。土壤水是山地农业所需水资源的主要来源，土壤水分的多少也是农业干旱的重要指标之一，适宜的土壤水分是获得农作物高产和水资源高效利用的最重要条件之一。如何利用先进手段及时乃至提前了解土壤墒情的现状、变化趋势和空间分布情况，是实现农业水资源的合理配置，提高用水效率，提升云南省抗旱测报能力和预测预警水平，从而持续健康发展云南省高原特色农业的基础性和战略性重大课题。

　　云南省现有 40 多个土壤墒情监测站点，相对云南省国土面积及复杂地形，这些监测站点远远不足，仅靠墒情站点数据难以满足水利部门和政府部门实时掌握土壤墒情和旱情空间分布情况的需要，进而导致地面墒情测站数据难以在农业抗旱决策中充分发挥其指导作用。

　　基于以上背景，由云南省水利水电科学研究院牵头，联合中国科学院地理科学与资源研究所和中国科学院寒区旱区环境与工程研究所申请的云南省科技计划项目"基于多源数据的土壤墒情监测关键技术在抗旱测报中的应用研究"于 2012 年 12 月启动了研究工作。本书是项目组成员在历经 3 年时间形成的研究成果基础上编写而成的。

　　本书共分 7 章，第 1 章总结了土壤墒情遥感监测国内外研究的现状，提出了土壤墒情研究的必要性，分析了云南省土壤墒情监测关键技术在抗旱测报中的应用意义。第 2 章总结了国内外对用遥感方法反演土壤墒情的研究，并对不同土壤墒情遥感监测模型进行了对比分析。第 3 章选择以 MODIS 为主要遥感数据源，以亮温-植被指数法作为主要的土壤墒情反演方法，以高分辨率遥感数据获取的土地利用数据作为补充，改进了土壤墒情和旱情的反演算法。基于站点观测数据对比和优选国际上多种微波反演与再分析资料获取的土壤墒情产品,构建了 MODIS 反演产品和优选产品之间的融合算法。第 4 章介绍了对 MODIS 遥感数据、降水、土壤水分和地表反照率数据的预处理,以及生成云南省土壤墒情遥感监测产品和土壤干旱遥感监测分级指标的具体流程。第 5 章分析了降水、TVDI、VCTI 等多源数据的云南省土壤墒情时空分布特征。第 6 章根据地面观测降水数据、TRMM 降水数据和土壤墒情数据,分别计算了云南省极端气候指数、TRMM 降水距平和土壤平均相对含水量,分析了不同时间尺度下云南省土壤墒情的时空变化特征。第 7 章介绍了基于地理信息系统技术、遥感技术和网络信息技术,嵌入了改进的土壤墒情反演算法的土壤墒情监测系统的架构和系统组成。

　　本书第 1 章由王杰、曹言、黄英撰写,张雷完成文献分析;第 2 章由张世强、王杰、曹言撰写,马思煜完成文献分析;第 3 章由彭建、张世强撰写,马思煜、种丹完成文献分析;第 4 章由张世强、彭建、王杰撰写,马思煜、种丹完成文献分析;第 5 章由张世强、彭建、王杰撰写,马思煜、种丹完成文献分析;第 6 章由王杰、曹言、黄英撰写,张雷、张鹏、吴灏完成文献分析。第 7 章由诸云强、罗侃、王东旭撰写。所有撰稿人员均参与了其他章节的交叉审稿。

　　本书的出版得到了云南省科学技术厅的资助;在撰写过程中云南省水利厅科技外事处张云给予了多方关注和指导,提出了许多建设性意见和建议;云南省水利水电科学研究院王树鹏、戚娜、段琪彩,云南省水文水资源局付奔也为本书的出版做出了默默的奉献,在此一并表示衷心的感谢。

　　由于土壤墒情的遥感反演具有复杂性,且云南省地形复杂,现有地面观测点和观测序列有限,加上参与编写人员较多,文稿难免有错误及疏漏之处,在专著即将出版时,编写人员诚惶诚恐,非常期待读者给予批评指正,以利于促进卫星遥感技术在云南省土壤墒情监测中推广应用,并发挥其效益。

作者

2016 年 10 月

目　　录

第1章 绪 论

1.1 研究背景

　　干旱是指水分的收支或供求不平衡而造成的水分短缺现象，当供水不能满足需水时，就表现为干旱（成福云，2001）。随着全球气候变暖，我国干旱灾害爆发得越来越频繁，且呈现出干旱强度大、影响范围广、持续时间长的特点（叶笃正等，1996）。因此，干旱所带来的危害越来越大，也越来越受到人类的关注。2010年春季，西南5省（自治区、直辖市）发生严重干旱，有些地区甚至出现了特旱（国家防汛抗旱总指挥部，2010；陈云芬，2010）。2014年，全国12省（自治区）遭遇严重大旱，居民生活用水遇到困难，农田一季几乎颗粒无收。加之人口的不断增长，水资源供需矛盾越发突出，监测和预防干旱已然成为一个研究热点和难点，同时也是一项亟待解决的问题。在此背景下，2011年全国抗旱规划会议明确提出加强抗旱减灾基础研究，充分利用新技术，不断提高我国抗旱减灾科技水平。2016年1月，国家防汛抗旱总指挥部（以下简称"国家防总"）召开全国防汛抗旱工作视频会议，在传达贯彻落实李克强总理和汪洋副总理的重要批示指示精神的同时，国家防总副总指挥、水利部部长陈雷强调"十三五"期间加强新技术、新材料、新设备的推广应用，不断提高抵御灾害的能力，全力做好防汛抗旱等各项工作。

　　云南省地处我国西南边陲地带，处于低纬度高原季风气候区，加之境内特殊的地理、地质地貌环境，全省气象灾害呈现种类多、频率高、分布广、区域性突出等特点，其中旱灾影响范围最广（解明恩，2004）。2000年前后，云南省降水出现较大转折以及温度异常，干旱有进一步加剧的趋势。尤其在2009年秋季至2010年春季期间，云南省遭遇了100年一遇的特大干旱，表现为持续时间长、干旱程度深、覆盖范围广、影响及损失大的特点，产生了自20世纪50年代有气象资料记载以来的干旱纪录（国家防汛抗旱总指挥部，2010）。2011年入夏以来，云南省大部分地区降水量又连续偏少，造成了较为罕见的全省性大范围夏旱。连续的干旱不但使河流断流，而且导致土壤失墒严重。加之温度的异常升高，农作物需水也增加，在云南省水利工程蓄水不足的条件下，对云南省农业增产及粮食安全造成了非常严重的影响。越来越频发的干旱，使人们认识到如何利用先进手段及时乃至提前了解旱情的发生和发展过程，并且提早做好防范措施是非常有必要的。因此，加强全省范围内干旱监测预警具有非常重要的现实意义。

传统的干旱监测方法往往是通过设置地面实测站点进行人工监测，如气象站点或土壤墒情监测站点，其对局地干旱监测具有较高的精确性，然而，由于受土质、地形、坡度、土地覆盖/土地利用等因素影响，土壤墒情的空间异质性极强，单纯站点监测对于大范围的旱情监测和评估缺乏时效性和代表性。另外，全省气象站/土壤墒情监测站点数量有限，对于利用监控站点监测全省的旱情具有很大的限制作用，因此迫切需要利用卫星遥感等高新技术手段来反演土壤墒情在空间上的分布状况以及动态变化情况。

1.2 土壤墒情遥感监测现状

遥感获取土壤墒情是通过测量土壤表面反射或发射的电磁能量，分析卫星上传感器获取的电磁波信号与土壤湿度之间的关系，从而定量反演地表土壤墒情。遥感监测反演可以得到土壤湿度在空间上的分布状况和在时间上的变化情况，因具有监测范围广、速度快、成本低，可以进行长期动态监测的优势，被认为是可以提供区域和全球实际土壤墒情的有效方法之一。

目前，国内运用比较成熟的监测模型主要有土壤热惯量模型和植被指数模型。土壤热惯量模型适用于裸地或植被覆盖率很低的区域；植被指数模型适用于植被覆盖状况下土壤墒情的监测。考虑到云南省的具体情况，本书拟采用植被指数模型。该模型不直接涉及地表能量平衡中感热通量的计算，而是通过建立土壤墒情与地表温度、植被指数等气象或下垫面特征的关系来估算土壤墒情。

植被指数模型适于地面作物覆盖状况下土壤墒情的遥感监测。当植被供水正常时，卫星遥感的植被指数和植被冠层的温度在一定的生长期内保持在一定范围内，如果遇到土壤墒情不足、植被供水不足生长受到影响时，卫星遥感的植被指数降低，而植被因水分供给不足关闭一部分气孔，导致植被冠层的温度升高。如国家卫星气象中心提出的植被供水指数的定义为

$$VSWI = T_s/NDVI$$

式中：T_s 为植被的冠层温度，K；NDVI 为归一化植被指数；VSWI 为植被供水指数，表示植被缺水程度的相对大小，VSWI 值越大表明植被冠层温度越高，植被指数越低，受旱程度越重，土壤含水量越小。

基于地表温度与植被指数构成的三角形/梯形特征空间被广泛用于估算区域土壤墒情。Goward 等（1985）首次指出植被指数与地表温度构成了特征空

间。Lambin 和 Ehrlich（1996）研究表明，在不同区域、不同土地覆被类型的地表温度与植被指数之间具有较好的线性关系，其线性函数的线段长度、三角面积斜率和倾角与土壤湿度等有密切联系，因此将地表湿度与植被指数之间的空间集合特征称为土壤墒情指数（LSI）。Price（1990）、Gillies（1995）和 Carlson 等（1995）发现在研究区植被覆盖度和土壤水分变化范围较大时，NDVI 和地表温度构成的散点图呈三角形，并用土壤–植被–大气传输模型（SVAT）进行了验证。Moran（1994）通过对灌溉农田和草地的研究发现，地表与大气的温差和植被指数构成的散点图接近梯形，可以用水分亏缺指数（WDI）定义梯形内任一点的缺水状况。

　　在对多源遥感反演土壤墒情结果进行融合时存在不同时空尺度的转换问题。时间尺度上的转换是指遥感反演的瞬时值如何扩展到小时、日、月乃至更长的时间尺度，国内外对区域蒸散的时空尺度转换研究为土壤墒情的时空转换提供了有益的思路。如 Jackson 等（1983）提出了瞬时蒸散发拓展到日蒸散发的正弦函数。Sugita 和 Brutsaert（1991）假定蒸散比在一天之内恒定来估算蒸散发。Allen 等（2007）认为假定蒸散比不变的方法会导致日蒸散值过低。空间尺度转换则是指如何将不同空间分辨率的遥感反演结果进行对比，这就涉及不同尺度、不同模型条件下参数的适用性和转换问题。Lhomme 等（1992）应用尺度转换方法对不同分辨率的蒸散进行比较。Hu 等（1999）通过地表参数（如 T_s、α、ε、r_a 等）的尺度转换来处理空间异质性的影响。

　　我国在土壤墒情监测和建立监测系统方面也开展了大量尝试。杨丽萍等（2009）选用植被供水指数法和 MODIS 数据对山东省春季地表墒情分布进行了研究，建立了土壤墒情监测模型。杨达等（2011）利用 NOAA/AVHRR 卫星资料构建了吉林省旱情监测系统，尝试了利用归一化植被指数法来直接监测干旱程度，同时也指出该方法受到不同作物种类、不同生长阶段的影响较大，需要长时间数据的积累来进一步完善。刘勇洪等（2011）引入遥感（RS）和地理信息系统（GIS）技术，以图像栅格信息方式分别考虑土壤、植被和大气空间区域分布的非均匀性，以中期天气预报要素、实测土壤墒情及当前 MODIS 卫星遥感资料为基础，研究开发了基于 IDL 语言的 250m 空间分辨率网格信息的北京市土壤墒情预报服务系统，并在北京地区进行了气象业务服务和效果评估。蔡衡和王郡（2011 年）利用 76 个站点的气象数据和土壤墒情观测数据，建立了贵阳市土壤墒情与农作物旱情监测评估系统，利用该系统将土壤墒情、土壤有效水分、土壤墒情指数与农作物灌溉量联系起来，为利用土壤墒情监测干旱提供了支撑平台。

　　综上所述，国内外对于土壤墒情的遥感反演技术已经有较好的积累，而在利用多源数据来提高反演的精度方面还探讨不多。由于近年来我国干旱灾害强度和频度的增加，如何利用土壤墒情对干旱灾害进行监测和测报已经引起了多个省市的重视。国内已有省份利用"3S"技术采用土壤墒情监测数据和遥感反演数据建立了土壤墒情监测系统，监测干旱的工作已经开始或正在开展。然而，目前的工作大多还局限于单一传感器或站点数据，对于综合多站点数据与不同来源的遥感数据，以及融合不同数据的土壤墒情监测开展较少，基于 WebGIS 等最新技术方面在国内各研究中尚未开展，从而与建立实用、先进的土壤墒情监测系统，并在抗旱测报中确实发挥作用还有较大的差距。

在过去 10 年中，随着网络和计算机技术的发展，GIS（特别是 WebGIS）等相关技术和方法取得了很大进步，分布式地理空间计算、地理时空数据库等关键技术日益完备，并着重表现在：①以上技术为实现集成大数据量的对地观测影像和基础地理数据，进而开展资源环境计算以及结果交互式可视化提供了基础；②数据、标准、软件等方面均表现出较强的开放化发展趋势，开放地理空间软件和技术已经能够覆盖地理空间数据的存储、转换、表达和分析等各个关键环节，目前发展形成了 GeoTools、GeoServer、OpenLayers、OpenGIS 等开源软件包和功能库，打破了以前 GIS 领域被个别公司和组织垄断的局面，避免了传统商业软件的封闭性，有利于实现拥有自主知识产权的数据库和分析系统。因此，本书充分利用 WebGIS 构建了基于多源遥感数据的土壤墒情监测系统，自动下载部分遥感影像，依据构架的土壤墒情遥感反演算法，在线计算分析研究区土壤墒情，进而依据标准可视化显示旱情空间分布，并供授权用户查询打印，有效弥补当前单纯依靠某一种遥感数据的单机版土壤墒情监测系统的缺陷，也是未来构建土壤墒情监测系统的趋势。

1.3　云南省土壤墒情监测研究的意义

干旱是与其他灾害不同的一种自然灾害，它发生的过程缓慢，历时数月或数年，影响范围大，它不仅对工农业生产造成较大的影响，而且还会产生一些次生影响（肖瑶，2010；孙雪萍，2013），如干旱引起高原湖泊水位降低，从而减弱湖泊水循环，导致湖泊水质恶化，干旱还容易导致森林火灾等。农作物对水的敏感性较强，因此干旱对农作物的影响重大，会造成农作物长势不良及产量减少。目前，云南省在农业灌溉及抗旱等农事生产活动中仍以经验为基础。因而及时全面了解土壤墒情的空间动态分布状况，不仅可以为相关决策部门制订防御干旱灾害的措施提供科学依据，而且对发生干旱时指导农业进行科学灌溉具有重要的现实意义。随着经济社会的不断发展，用水需求迅猛增加，在干旱不断加剧的情况下，全社会对增加抗旱主动性，实现水资源可持续发展提出了迫切的需求。《国家中长期科学和技术发展规划纲要（2006—2020 年)》《云南省中长期科学和技术发展规划纲要》和《云南省"十二五"科学和技术发展规划》都在公共安全领域将自然灾害的发生规律、预测预报技术及动态监测技术的研究和应用列入优先主题。提高抗旱决策的准确性、时效性和权威性，对云南省的抗旱减灾工作有重要的实践意义。

土壤墒情对干旱发生早期和旱情发生过程具有非常重要的指示作用（黄丽，2010)。因此，大力开展土壤墒情监测与研究对预警和监测干旱的发生发展非常必要。土壤墒情监测也是发展节水农业的基础，它可以为农业节水生产和主管部门提供必需的土壤墒情定量信息和空间分布状况，从而提高节水农业宏观管理决策的科学化水平。

目前，土壤墒情监测的手段有常规地面监测和卫星遥感监测。近些年来，云南省土壤墒情监测站点的监测资料已经在云南省抗旱测报中发挥了一定作用。然而，基于地面实测站点进行土壤墒情监测还存在不足：①由于监测站点受所处地形地貌、下垫面、局地气象要素等影响，各站点间的观测资料难以直接对比，从而限制了其对旱情提前指示作用的发挥；②相对云南省国土面积和复杂的地形，现有 40 多个土壤墒情监测站点比较稀少，土壤墒情监测站点仅反映的是局部的土壤湿度情况，受土质、地形、坡度、土地利用等因素影响，土壤墒情具有很强的空间异质性，单纯依靠传统的土壤墒情监测站点观测数据难以全面反映云南省各地的土壤墒情动态。

随着"3S"技术的发展，尤其是遥感技术的发展，为高分辨率遥感数据反演土壤墒情的空间分布带来了机遇。利用高新卫星遥感技术反演土壤墒情的研究近年来取得了一些进展，其中以 NOAA/AVHRR 数据和中分辨率成像仪（MODIS）数据应用最为广泛。随着我国多颗小卫星的发射，如 HJ－1A/1B 卫星（空间分辨率为 30m，单星重访周期为 4d，双星组网重访周期为 2d）为提高土壤墒情遥感反演的空间分辨率提供了重要的数据源。但是小卫星的观测波段较少（如 HJ－CCD 只有 4 个波段)，而且存在定标等问题，单纯依赖小卫星数据反演的土壤墒情准确度难以保证。

因此，本书充分利用云南省地面土壤墒情监测站点数据，综合多源卫星遥感数据，研究多源遥感数据的土壤墒情反演算法和融合反演算法，并与土壤墒情监测数据进一步融合，形成时空分辨率均较高的土壤墒情监测成果。此外，本书结合先进的 GIS 技术和网络技术，将土壤墒情数据的管理和与遥感数据的流程化处理相结合，构建土壤墒情监测系统，并利用网络快速发布监测成果，让水利防汛抗旱部门和政府相关部门实时掌握云南省土壤墒情的空间分布状况及变化情况、旱情空间分布状况及变化情况，提高云南省抗旱测报水平，这对云南省主动抗旱、积极合理抗旱具有重要指导意义。同时，本书将为云南省利用高新卫星遥感技术在其他行业方面应用提供经验借鉴。

参 考 文 献

[1] 成福云. 旱灾及抗旱减灾对策探讨 [J]. 中国农村水利水电, 2001, 10: 9 - 10.

[2] 叶笃正, 黄荣辉. 长江黄河流域旱涝规律和成因研究 [M]. 济南: 山东科技出版社, 1996.

[3] 国家防汛抗旱总指挥部, 中华人民共和国水利部. 中国水旱灾害公报 2010 [M]. 北京: 中国水利水电出版社, 2010.

[4] 陈云芬. 全省干旱等级达 80 年以上一遇 [N]. 云南日报, 2010 - 3 - 17 (1).

[5] 全国 12 省区遭遇严重干旱 [Z]. 新闻1+1, 2014, 1 (8).

[6] 解明恩, 程建刚. 云南气象灾害特征及成因分析 [J]. 地理科学, 2004, 24 (6): 721 - 726.

[7] S Goward, C Tucker, D Dye. North American Vegetation Patterns Observed with the NOAA - 7 Advanced Very High Resolution Radiometer [J]. Vegetatio, 1985, 64 (1): 3 - 14.

[8] E F Lambin, D Ehrlich. The Surface Temperature - Vegetation Index Space for Land Cover and Land - Cover Change Analysis [J]. International Journal of Remote Sensing, 1996, 17 (3): 463 - 487.

[9] J C Price. Using Spatial Context in Satellite Data to Infer Regional Scale Evapotranspiration [J]. Transactions on Geoscience and Remote Sensing, 1990, 28 (5): 940 - 948.

[10] R R Gillies, T N Carlson. Thermal Remote Sensing of Surface Soil Water Content with Partial Vegetation Cover for Incorporation into Clinate Models [J]. Journal of Applied Meteorology, 1995, 34 (4): 745 - 756

[11] T N Carlson, R R Gillies, T J Schmugge. An Interpretation of Methodologies for Indirect Meaxurement of Soil Water Content [J]. Agricultural and Forest Meterology, 1995, 77 (3 - 4): 191 - 205.

[12] M S Moran, T R Clarke, Y Inoue. Estimating Crop Water Deficit Using the Relation between Surface Air Temperature and Spectral Vegetion Index [J]. Remote Sensing of Environment, 1994, 30 (5): 246 - 263.

[13] R D Jackson, J L Hatfield, R J Reginato. Estimation of Daily Evapotranspiration from One Time - of - day Measurements [J]. Agricultural Water Management, 1983, 7 (1 - 3): 351 - 362.

[14] M Sugita, W Brutsaert. Daily Evaporation Over a Region from Lower Buondary Layer Profiles Measured with Radiosondes [J]. Water Resources Research, 2007, 27 (5): 747 - 752.

[15] R G Allen, M Tasumi. Satellite - based ET Mapping to Assess Variation in ET with Timing of Crop Development [J]. Agricultural Water Management, 2007, 88 (1 - 3): 54 - 62.

[16] J P Lhomme, E Elguero. Examination of Evaporative Fraction Diurnal Behaviour

Using a Soil – Vegetation Model Coupled with a Mixed – layer Model ［J］. Hydrology and Earth System Sciences Discussions，1999，3（2）：259 – 270.

［17］ Z Hu，S Islam，L Jiang. Approaches for Aggregating Heterogeneous Surface Parameters and Fluxes for Mesoscale and Climate Models ［J］. Boundary – Layer Meteorology，1999，93（2）：313 – 336.

［18］ 杨丽萍，隋学艳，杨洁，等. 山东省春季土壤墒情遥感监测模型构建 ［J］. 山东农业科学，2009，5：17 – 20.

［19］ 杨达. 基于 GIS 的土壤墒情监测及抗旱管理决策系统 ［J］. 科技资讯，2011，24：54 – 55.

［20］ 刘勇洪，吴春艳，叶彩华，等. 基于网格化信息的北京地区土壤墒情预报服务系统 ［J］. 中国农业气象，2011，2：267 – 272.

［21］ 蔡衡，王郡. 贵阳市土壤墒情与农作物旱情监测评估系统建设与利用 ［J］. 农技服务，2011，4：471 – 472.

［22］ 肖瑶. 湘西岩溶地区干旱特征及治理措施 ［J］. 湖南水利水电，2010，2：71 – 73.

［23］ 孙雪萍，房艺，苏筠. 基于旱情演变的社会应灾过程分析——以 2009—2010 年云南旱灾为例 ［J］. 灾害学，2013，28（2）：90 – 95.

［24］ 黄丽，顾磊. 遥感墒情监测方法综述 ［J］. 首都师范大学学报，2010，31（3）：59 – 63.

第 2 章　土壤墒情遥感监测模型的
评价与选择

国内外对利用遥感方法反演土壤墒情的研究已有 30 多年的历史，利用可见光、近红外、热红外、微波波段开展了大量的反演试验，建立了诸多反演模型，发布了很多区域或全球尺度的土壤湿度产品。反演模型可以分为 3 类：基于热红外遥感的监测模型、基于微波的监测模型和基于地表温度-植被指数的监测模型。

2.1　基于热红外遥感的土壤墒情遥感监测模型

土壤的温度分布取决于土壤的热性质，即土壤的热容量。用热红外方法监测土壤墒情主要是从遥感图像获取地表温度（Land Surface Temperature，LST），进而利用地表温度和土壤湿度的关系来计算土壤墒情。基于热红外遥感的土壤墒情监测模型通常有热惯量模型和表观热惯量植被干旱指数模型等。

2.1.1　热惯量模型

利用热惯量模型监测一定深度的土壤含水量，关键是要建立土壤含水量与土壤热惯量之间的关系模型。土壤热惯量反映的是土壤热容量、土壤温度变化幅度和速度的一种性质。热惯量大的土壤含水量高，其地表温度日较差小；热惯量小的土壤含水量低，其地表温度日较差大。基于 MODIS 传感器计算热惯量只需计算地表反射率和昼夜温差，可以利用可见光-近红外通道得到地表反射率，利用热红外通道得到昼夜温差。计算昼夜温差是热惯量模型反演土壤水分的关键。昼夜温差首先利用卫星热红外通道资料进行定标计算，然后将得到的辐射亮度带入普朗克方程量和土壤的导热率。土壤的热容量（C）指单位体积土壤增温 1℃所需的热量，它由组成土壤的水、空气和固体颗粒的热容量按所占的体积加权平均求得，即

$$C = (C_s V_s + C_w V_w + C_a V_a)/V \qquad (2.1)$$

其中
$$V = V_s + V_w + V_a$$

式中：C_s、C_w、C_a 分别为固体颗粒、水、空气的容积热容量；V_s、V_w、V_a 分别为固体颗粒、水、空气所占的体积；V 为土壤的总体积。

由于土壤中空气的热容量非常小，而水的热容量约为固体颗粒热容量的 2 倍，因而土壤的热容量主要随土壤的体积含水量（θ）而变化，即

$$C = C_s V_s / V + C_w \theta \tag{2.2}$$

土壤中热量从温度高的部分传导到温度低的部分的过程称为土壤热传导，热传导的通量由热流通量（热通量）表达。由傅里叶定律，有

$$Q_s = \lambda \frac{\partial T}{\partial z} \tag{2.3}$$

式中：Q_s 为热流通量；λ 为土壤热导率。

矿物质的导热率一般较大，水次之，空气最小，因而土壤导热率的大小取决于固体颗粒的组合形态和含水量。当土壤含水量增加时，土壤的导热率增大。根据热传导的傅里叶定律和能量守恒定律，可导出土壤热传导方程为

$$C \frac{\partial T}{\partial t} = \nabla \cdot (\lambda \nabla T) \tag{2.4}$$

式中：$C \dfrac{\partial T}{\partial t}$ 为单位体积土壤热量的时间变化率；$\nabla \cdot (\lambda \nabla T)$ 为单位体积土壤能量的净输入量。

对于各向同性的均质土壤，如果土壤含水率不随深度变化或其变化对热特性参数的影响可以忽略，则 C 和 λ 可当作常数。假定只有垂直方向的能量交换，则可进一步简化为一般固体的热传导方程：

$$C \frac{\partial T}{\partial t} = \alpha \frac{\partial^2 T}{\partial z^2} \tag{2.5}$$

其中

$$\alpha = \lambda / C$$

式中：α 为热扩散率。

在一定的边界条件下，通过分离变量法解方程，则可得到热惯量方程：

$$p = \frac{k(1-A)}{\Delta T_0} \tag{2.6}$$

式中：p 为热惯量；ΔT_0 为日最高地表温度与最低地表温度之差；A 为全波段反照率；k 为常数。

土壤的温度分布与土壤的热特性有直接关系，热特性又与土壤的含水量有关。利用可见光和热红外通道可以计算土壤的反射率和亮度温度，可以得到地面的 A 和 ΔT_0，进而间接获得热惯量 p。

以 MODIS 为例，计算全波段反射率 A 的公式为

$$\begin{aligned} A = {} & 0.137 CH_1 + 0.071 CH_2 + 0.142 CH_3 + 0.128 CH_4 \\ & + 0.099 CH_8 + 0.081 CH_9 + 0.082 CH_{10} + 0.080 CH_{11} \\ & + 0.037 CH_{14} + 0.043 CH_{15} + 0.039 CH_{17} + 0.059 CH_{19} \end{aligned} \tag{2.7}$$

式中：CH_1、CH_2、CH_3、CH_4、CH_8、CH_9、CH_{10}、CH_{11}、CH_{14}、CH_{15}、

CH_{17}、CH_{19}分别为 MODIS 传感器在 1、2、3、4、8、9、10、11、14、15、17、19 各通道的反照率。

通过地表温度直接求取昼夜温差的方式比较复杂，因此常采用昼夜辐射温度差代替地表温差。

热惯量模型在遥感监测区域干旱中得到了广泛的应用。但是热惯量模型主要适用于裸土或稀疏植被覆盖条件。

2.1.2　表观热惯量植被干旱指数模型

如果假设研究范围内气象条件一致，表观热惯量（Apparent Thermal Inertia，ATI）与真实热惯量（Real Thermal Inertia，RTI）呈线性关系，就可以利用 ATI 和 NDVI 建立 NDVI - ATI 空间。在 NDVI - ATI 空间中，干边在下，湿边在上。计算干边和湿边的方程式为

$$ATI_{min} = a + b \cdot NDVI \tag{2.8}$$

$$ATI_{max} = a' + b' \cdot NDVI \tag{2.9}$$

式中：ATI_{min} 为在相应 NDVI 下的最小表观热惯量；ATI_{max} 为在相应 NDVI 下的最大热惯量；a、a'、b、b' 为回归系数，分别为 NDVI - ATI 空间中湿边和干边方程的截距与斜率。

由 NDVI - ATI 空间计算表观热惯量植被干旱指数（AVDI）的公式为

$$AVDI = \frac{a + b \cdot NDVI - ATI}{(a' + b' \cdot NDVI) - (a + b \cdot NDVI)} \tag{2.10}$$

2.2　基于微波的土壤墒情遥感监测模型

用微波遥感估算土壤水分的原理是基于土壤水分和介电常数之间的密切关系，不同介电常数的土壤所表现出的散射和辐射特征不同。根据传感器工作方式的差异，基于微波的土壤墒情遥感监测模型可以分为主动和被动微波遥感模型两大类。

2.2.1　主动微波遥感模型

主动微波遥感是指利用搭载在遥感平台上的雷达向地物目标发射出经过调制的电磁波束，再通过天线接收地物目标反射的回波信号，并进行处理后得到地物目标的后向散射信息（一般称为后向散射系数），然后根据这些信息来提取和分析地物目标的相关参数的技术。雷达观测的空间分辨率同天线长度有关，通常越长的天线获得的分辨率就越高，在实际应用中常使用合成孔径雷达来实现用较小的天线长度合成等效天线来获取高分辨率数据的目的。

雷达获取的后向散射系数除了和土壤水分有关外，还受到地表植被覆盖和表面粗糙度等多种因素的影响。如植被冠层中散射体的尺度大小及其几何分布情况，植被的方向、间距和郁闭度等都会改变土壤的散射特性，同时植被本身所含有的水分也会影响通过其冠层的微波信号。对同一波长的入射波，不同粗糙度的土壤表面对回波信号的影响程度也不同。目前，基于主动微波的土壤墒情遥感监测常用的模型主要有散射模型、土壤水分变化探测模型和数据融合模型等。

（1）散射模型一般将后向散射系数表示成土壤、植被以及传感器设置等参数的函数来估算土壤水分。根据建立的方法不同，散射模型可以分为经验模型、理论模型和半经验模型。经验模型是根据观测到的数据进行统计描述和相关性分析建立的，其适用范围受到时间和空间的限制，而且模型精度受到观测数据质量的限制。理论模型是基于辐射传输过程的物理机制建立的，模型精度较好，但输入参数多、计算复杂，且输入参数常常难以直接观测，在实际中难以推广运用。半经验模型介于经验模型和理论模型之间，通常使用很少的几个但具有一定物理意义的参数，处理复杂程度中等，在实际应用中较为常见。

（2）土壤水分变化探测模型是利用多时相的雷达数据来探测土壤水分的变化信息，该方法获得的是某一时相土壤水分相对于上一时相土壤水分变化的相对值，而非土壤水分的绝对值。土壤水分变化探测模型假定观测区域的植被覆盖状况和地表粗糙度情况在两次观测期间保持不变，利用多时相的雷达数据集使得雷达的后向散射信号受植被覆盖和地表粗糙度的影响最小化，同时对土壤水分的变化敏感性最大化。然而该方法不适用于那些在短期内植被覆盖和地表粗糙度变化较大的情况，而且不同时相的观测数据必须保证由同一传感器在相同的观测条件下获得，这样才能避免由于入射角、辐射定标以及其他因素变化带来的影响。

（3）数据融合模型是指将雷达数据和其他传感器反演的土壤水分结果融合在一起的方法，微波遥感与传统的可见光和红外遥感在估算地表参数方面都有着各自的优势，利用两者的互补性和可交互性可以实现它们的结合（鲍艳松等，2007）。

2.2.2 被动微波遥感模型

被动微波遥感是指由卫星或飞机上微波辐射计等传感器接收和记录来自地物目标自身的微波辐射信号，并以此来分析地物目标的各种特性的技术。被动微波遥感反演土壤水分主要基于辐射传输方程展开，即通过传感器获得的地表能量平衡方程进行。在实际应用中，通常是由微波辐射计获得表示地物辐射信号强度的土壤亮温，再利用辐射传输方程或者与土壤水分之间建立经验关系来反演土壤水分。目前存在的土壤水分反演算法大体上可以分为 3 类：数理统计算法、正向模型算法和人工神经网络算法（钟若飞等，2005）。

（1）数理统计算法以统计描述和相关分析为基础，利用一系列的实际观测和地面采样数据建立起遥感观测数据与土壤和植被参数之间的经验回归模型来进行土壤水分反演（毛克彪等，2007）。数理统计算法所建立的回归模型是一种统计相关关系，其最大的优势在于简单和实用，但缺乏对物理机制的足够理解和深刻认识，理论基础不够完备，参数之间的逻辑关系也不强。数理统计算法在某一特定的地区可能取得令人满意的结果，然而在与该地区自然条件差异较大的地区应用时，统计规律和计算参数往往需要重新获取，可移植性比较差。

（2）正向模型算法是基于遥感过程中的物理模型来进行的，主动微波遥感中正向模型描述了在电磁波传播的过程中地表参数、各种介质参数以及传感器参数等与微波信号之间的传输机制。被动微波遥感中正向模型则描述了来自土壤表面的微波信号经过植被和大气等介质后再到被传感器所接收的整个辐射传输过程。向正向模型输入地表参数、各种介质参数以及传感器参数等，由模型输出传感器的观测值，用输出参数来求解输入参数的过程就称为反演。在微波遥感估算反演土壤水分中，正向模型往往包含了较多的参数，直接求出其反函数的解析解通常比较困难，因此要由观测到的亮温得到土壤水分等地表参数，就需要借助迭代的方法进行。具体的计算过程为：在某种正向模型的基础上建立起土壤水分等地表参数与观测到的亮温之间的非线性方程，然后利用最小二乘和迭代的方法求解该非线性方程来进行土壤水分的估算。

（3）人工神经网络算法主要是依靠人工神经网络来模拟土壤水分等地表参数同遥感观测值之间的非线性关系，以此代替正向方程来进行土壤水分等地表参数的反演。用人工神经网络估算土壤水分等地表参数时，不需要对辐射传输模型等物理正向过程进行分析，可以避免建立和求解复杂的非线性方程的麻烦。在进行土壤水分反演时，首先借助理论模型模拟值或实测值生成一组合适的输入和输出数据集，然后利用该数据集来模拟土壤水分等地表参数与观测到的亮温之间的非线性关系，即对人工神经网络进行训练。当对人工神经网络的训练完成后，就可以利用它来对土壤水分等地表参数进行反演。

2.3　基于地表温度-植被指数的土壤墒情遥感监测模型

地表植被覆盖、地表温度和土壤水分状况之间有着非常密切的联系。而在植被指数方面，经过数年的研究已开发出 40 多种植被指数，但目前最常用的是归一化植被指数（Normalized Difference Vegetation Index，NDVI），其可以消除仪器定标、太阳高度角、地形、云阴影和大气条件对辐照度的大部分影响，从而增强了对植被的响应能力，得到了普遍的应用。基于地表温度-植被指数的土壤墒情遥感监测模型主要是基于地表温度（Land Surface Temperature，LST）和 NDVI 的特征空间关系，总体来说，模型解释 LST-NDVI 特征空间的理论有两种：一种是在不同土壤表层含水量和地表覆盖条件下，LST 和 NDVI 的特征空间为三角形（Price，1990），其中的代表包括条件植被温度指数（Vegetation-Temperature Condition Index，VTCI）或温度植被干旱指数（Temperature Vegetation Dryness Index，TVDI）模型；另一种是在作物缺水指数（Crop Water Stress Index，CWSI）基础上开发的植被温度梯形指数 VITT（Vegetation Index Temperature Trapezoid）模型，LST 和 NDVI 的特征空间是梯形，两者所表达的干边和湿边的概念是一致的。

植被的状态和土壤含水量的关系极为密切，且十分复杂。土壤含水量影响到植被生长状态，而植被生长状态又影响到遥感对地表温度的探测。为了解决某一特定时期内不同像素间监测结果可比性较差的问题，VTCI 将两者结合起来。VTCI 定义为

$$VTCI = (T_{s,amx} - T_s)/(T_{s,max} - T_{s,min}) \qquad (2.11)$$

$$T_{s,max} = a_1 + b_1 \cdot NDVI_i \qquad (2.12)$$

$$T_{s,min} = a_2 + b_2 \cdot NDVI_i \qquad (2.13)$$

式中：$T_{s,max}$ 为相同 NDVI 值的像元所对应的最高地表温度；$T_{s,min}$ 为相同 NDVI 值的像元所对应的最低地表温度；T_s 为某一 NDVI 值所对应的特定像元的地表温度；a_1、b_1、a_2、b_2 为待定系数。

可以通过绘制散点图得到 $T_{s,max}$、$T_{s,min}$ 和 $NDVI_i$ 三者之间的线性方程，VTCI 取值范围为 [0，1]。

当干旱发生时，NDVI 值比较小，此时地表温度最大值也较大。Sandholt 等（2002）利用简化的 NDVI-T_s 特征空间提出水分胁迫指标，即 TVDI，将湿边（$T_{s,min}$）处理为与 NDVI 轴平行的直线，干边（$T_{s,max}$）与 NDVI 呈线性关系，其表达式为

$$TVDI = \frac{T_s - T_{s,min}}{T_{s,max} - T_{s,min}} = \frac{T_s - T_{s,min}}{a + b \cdot NDVI - T_{s,min}} \qquad (2.14)$$

TVDI 和 VTCI 为互补关系，两者的和为 1。VTCI 值越小，TVDI 值越接近 1，土壤湿度越低，干旱越严重；反之，VTCI 值越接近 1，TVDI 值越接近 0，土壤湿度越大，其原理如图 2.1 所示。

三角空间模型的缺点是对研究区域选择的要求较高，必须满足土壤表层含水量应包括从萎蔫含水量到田间持水量的条件，对于研究区域环境背景如气象条件、地表覆盖类型、土壤属性、水系分布和灌溉状况以及作物栽培等的充分

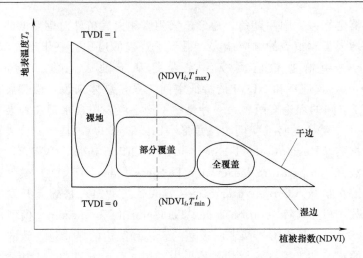

图 2.1　地表温度-植被指数模型反演土壤墒情的基本原理

了解有助于判别是否满足该条件（王鹏新等，2006）。

TVDI 通过统计特征空间中的数据确定顶点与干湿边，不需要其他辅助数据，比水分亏缺指数（Water Deficiency Index，WDI）方便实用，可以定性地反映土壤湿度情况。为了使特征空间的边界具有代表性，影像覆盖范围必须有裸土到密闭植被的变化，这一要求使得它在不同时间和区域的可比性较差，在大面积地区应用时需考虑这一点，对特征空间的干湿边物理意义也缺乏严格定义，边界拟合具有一定的主观性，不同算法获得的结果之间有一定的差异。

1994 年，Moran 等发现 VITT 具有梯形特征，其实质是将 VCI 和 TCI 结合起来，其原理如图 2.2 所示。VITT 定义为

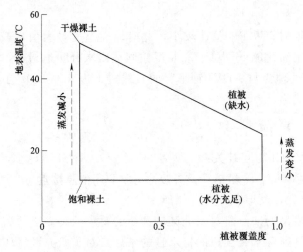

图 2.2　植被温度梯形指数模型反演土壤墒情的基本原理

$$VITT = LST/NDVI \qquad (2.15)$$

VITT 的光谱空间分布特征广泛用于陆面的分类、土壤湿度的监测、生物燃烧产生水汽量以及下垫面层能量的估测。

2.4 小结

不同土壤墒情遥感监测模型的对比见表 2.1。

表 2.1 不同土壤墒情遥感监测模型的原理及优缺点

模型	原 理	优 点	缺 点
热红外遥感	针对裸露的土壤表面而言，土壤水分变化会导致土壤的比热容和热传导效率发生变化，进而使得地表温度发生变化	分辨率高，覆盖范围较大，技术和方法相对比较成熟，数据来源广泛	热红外波段对土壤水分不够敏感，对地穿透遮挡的能力较差（只适用于土壤表层探测），受到大气层和植被的影响比较大
地表温度-植被指数	利用地表温度和植被指数构成的特征空间来反演土壤湿度	指数较多，方法相对成熟，数据来源广泛且覆盖范围大，分辨率较高，不依赖于观测参数	对地穿透遮挡的能力较差，受到大气层和植被的影响比较大
主动微波遥感	建立雷达后向散射系数与土壤介电常数的关系来反演土壤水分	空间分辨率较高，对土壤水分变化比较敏感，能够在一定程度上穿透地物，受到大气和云层的影响非常小，能够进行全天时、全天候工作	时间分辨率低，受到土壤表面粗糙度状况和植被覆盖影响比较大
被动微波遥感	由微波辐射计获得表示地物辐射信号强度的土壤亮温，再利用辐射传输方程或者与土壤水分之间建立经验关系来反演土壤水分	对土壤水分变化比较敏感，能够在一定程度上穿透地物，受到大气和云层的影响非常小，能够进行全天时、全天候工作	空间分辨率低，受到土壤表面粗糙度状况和植被覆盖影响比较大

参 考 文 献

[1] 鲍艳松，刘良云，王纪华. 综合利用光学、微波遥感数据反演土壤湿度研究 [J]. 北京师范大学学报（自然科学版），2007，3：228-233.

[2] 钟若飞，郭华东，王为民. 被动微波遥感反演土壤水分进展研究 [J]. 遥感技术与应用，2005，1：49-57.

[3] 毛克彪，唐华俊. 被动微波遥感土壤水分反演研究综述 [J]. 遥感技术与应用，2007，3：466-469.

［4］ J C Price. Using Spatial Context in Satellite Data to Infer Regional Scale Evapotranspiration ［J］. Transactions on Geoscience and Remote Sensing, 1990, 28 (5): 940 - 948.

［5］ I Sandholt, K Rasmussen, J Andersen. A Simple Interpretation of the Surface Temperature/Vegetation Index Space for Assessment of Surface Moisture Status ［J］. Remote Sensing of Environment, 2002, 79 (2 - 3): 213 - 224.

［6］ 王鹏新, 孙威. 条件植被温度指数干旱监测方法的研究与应用 ［J］. 科技导报, 2006, 4: 56 - 58.

［7］ M S Moran, T R Clarke, Y Inoue. Estimating Crop Water Deficit Using the Relation between Surface Air Temperature and Spectral Vegetion Index ［J］. Remote Sensing of Environment, 1994, 30 (5): 246 - 263.

第3章 土壤墒情多源遥感反演模型的构建

3.1 基于 MODIS 数据的土壤墒情反演流程

基于 MODIS 数据反演土壤墒情的基本原理与其他利用可见光卫星遥感数据通过地表温度-植被指数模型反演土壤墒情的基本原理一致,其主要的计算公式在 2.3 节中已详细介绍过。基于 MODIS 数据进行土壤墒情反演的过程一般包括:①利用可见光及近红外波段计算植被指数,如 NDVI、WDVI 等;②利用温度波段反演地表温度 LST;③利用云掩膜对植被指数数据和 LST 数据进行影像去云处理;④利用处理后的数据构建植被指数与地表温度的三角形特征空间;⑤定量计算干湿边方程,得出土壤墒情结果。图 3.1 展示了基于 MODIS 数据的土壤墒情反演流程。

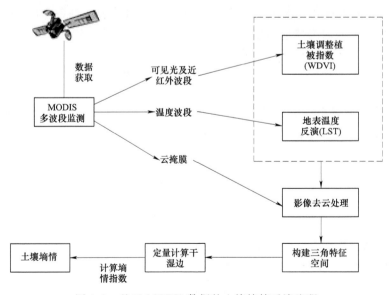

图 3.1 基于 MODIS 数据的土壤墒情反演流程

然而,过去的研究中多采用辐射亮温来反演 LST,辐射亮温受到大气和地面多次反射的影响较大,其精度严重依赖于大气校正的精度,而大气校正模

17

型一般需要当地大气状况、气溶胶等参数，这些参数常常难以获取，从而给 LST 的反演带来一定的困难。本书改进的思路在于通过比较卫星获取的不同辐射数据，计算不同数据对蒸发比的影响。从而尝试在缺乏大气的相关观测资料的情况下，能否避免不同大气校正算法和参数的影响。

如表 2.1 中所示，利用可见光卫星遥感数据反演地表土壤墒情的一个主要缺陷在于其缺乏穿透性，MODIS 作为光学遥感卫星也同样如此。微波遥感反演土壤墒情的优势在于由于微波信号的穿透性强，其对土壤一定深度内的土壤墒情具有更好的表征，但其缺点在于空间分辨率很低。因此，如何融合这两种卫星遥感获得的土壤墒情一直是研究的热点问题，本书发展了一种新的、简单有效的融合算法。

3.2　基于 TOA 计算 LST 的影响

本书尝试直接采用大气顶部（Top of Atmosphere，TOA）的辐射进行 LST 的反演，结果表明采用 TOA 可以避免对大气校正过程的依赖，有效地提高了计算结果的可靠程度。

在计算 LST 时，首先计算了蒸发比（Evaporative Fraction，EF）。EF 是潜热通量与地表有效能量的比值。在 LST 与 NDVI 构成的特征三角空间中，LST 对植被覆盖区域的敏感性较弱，但对裸地的敏感性较强。因为湿边具有较高的热惯量和强烈的蒸发，所以三角形中的湿边代表较高的 EF。相反，干边因为具有较低的热惯量和较弱的蒸发，所以对应着较低的 EF。

利用瞬时通量数据计算瞬时 EF 的公式为

$$EF(t) = \frac{LE(t)}{R_n(t) - G(t)} = \frac{LE(t)}{LE(t) + H(t)} \tag{3.1}$$

式中：R_n 为地表净辐射，W/m^2；G 为土壤热通量，W/m^2；LE 为潜热通量，W/m^2；H 为显热通量，W/m^2；t 为时间。

则白天平均 EF 的计算公式为

$$EF_{daytime} = \frac{\int_{t_1}^{t_2} LE(t)dt}{\int_{t_1}^{t_2} [H(t) + LE(t)]dt} \tag{3.2}$$

对于白天来说，t_2 到 t_1 通常代表每天 8：00—17：00。

利用 LST 计算瞬时 EF 的公式为

$$EF = \Phi \frac{\Delta}{\Delta + \gamma} \tag{3.3}$$

式中：Δ 为空气温度下的饱和水汽压力的斜率，kPa/K；γ 为湿度计算常数，kPa/K。

　　Φ 结合了 Budyko – Thornthwaite – Mather 湿度系数和 Priestley Taylor 系数的影响。利用 TOA 辐射量代替 LST 产品计算 Φ 的公式为

$$\Phi = \Phi_{\max} \frac{L_{\max} - L_s}{L_{\max} - L_{\min}} \tag{3.4}$$

式中：$\Phi_{\max}$ 为没有地表水分压力时 Φ 的最大值，通常设置为 1.263；L_s 为当 NDVI 为某一特定值时给定像元的 TOA 辐射量；$L_{\max}$、$L_{\min}$ 分别为当 NDVI 为该特定值时 TOA 辐射量的最大值和最小值。

　　为了得到每一个像元的 Φ 值，可以利用基于 LST – NDVI 三角空间的线性插值方法。该方法具体包括两个步骤：①确定三角形特征空间的干边和湿边；②Φ 的最小值代表着当 $\Phi_{\min} = 0$ 时干燥裸地的像元，Φ 的最大值代表着当 $\Phi_{\max}$ $= 1.263$ 时植被稠密且 NDVI 最大而 TOA 辐射量最小的像元。$\Phi_{\min}^i$ 是 $\Phi_{\min}$ 与 $\Phi_{\max}$ 范围内对每个 $NDVI_i$ 进行线性插值的结果，是每个 $NDVI_i$ 对应的最小 TOA 辐射值。通常设置 $\Phi_{\max}^i = \Phi_{\max} = 1.263$。$\Phi_i$ 是每一个 $NDVI_i$ 在最小 TOA 辐射像元和最高 TOA 辐射像元之间进行内插的结果，所以每个像元的 Φ 可以用式（3.4）计算。

　　为了检验基于 TOA 辐射量估算 EF 方法在不同气候类型和不同地表条件下的鲁棒性，本书利用 16 个全球的涡动观测站的数据来检验由 MODIS TOA 辐射量估算得到 EF 的有效性，发现采用瞬时 EF 能够代表白天的平均 EF，两者之间不存在大的误差（图 3.2），还发现估算得到的 EF 在各种气候条件和生

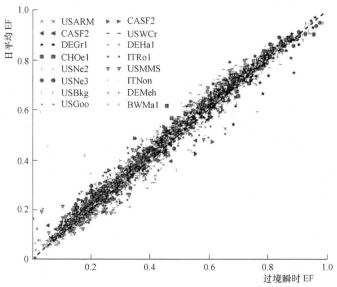

图 3.2　利用 FLUXNET 中的通量观测数据计算的瞬时 EF 和
日平均 EF 的对比（Peng 等，2014）

物群落类型中都有较好的表现（图 3.3），其与 LST 计算的结果基本相当。因此，本书的研究表明直接使用 TOA 辐射量来替代卫星反演的 LST 产品估算 EF 是可行的。该方法的优点是不需要进行大气修正，这有利于减少数据同化

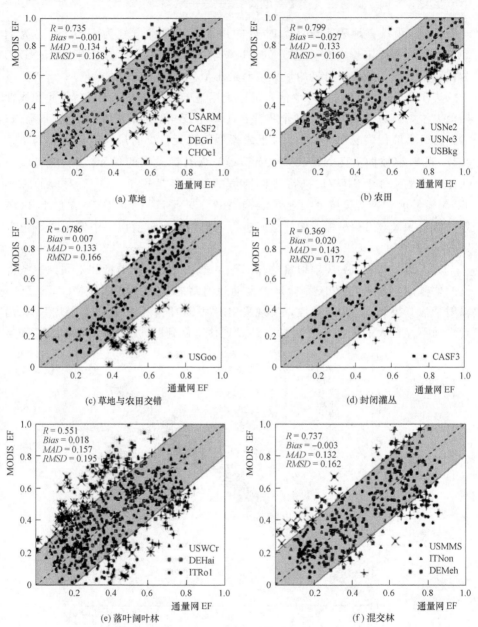

图 3.3（一）　不同下垫面类型观测的瞬时 EF 和日平均 EF 的对比

（Peng 等，2014）

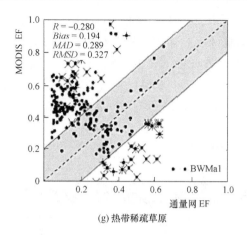

(g)热带稀疏草原

注：1. 虚线是1:1线，灰色区域代表两者的误差小于0.2，"＋"号代表被降水污染的数据，"×"代表不是生长季的。

2. R为相关系数，Bias为偏差，MAD为平均绝对偏差，RMSD为根方误差。

图 3.3（二）　不同下垫面类型观测的瞬时 EF 和日平均 EF 的对比

(Peng 等，2014)

和多传感器数据使用的预处理要求。所以，本书在利用 MODIS 数据反演土壤墒情时，也可以使用 TOA 辐射量替代 LST 参与计算，这样可以避免 LST 计算中对影像的大气校正的影响（Peng 等，2014）。

3.3　多源遥感反演土壤墒情结果的融合

3.3.1　不同微波土壤湿度产品和再分析土壤湿度产品的比较

目前，全球范围内常用的现有的土壤湿度产品包括 AMSR－E（the Advanced Microwave Scanning Radiometer for the Earth Observing System）、ASCAT（the Advanced Scatterometer）、SMOS（the Soil Moisture and Ocean Salinity）、CCI SM（Climate Change Initiative Soil Moisture）和一种再分析产品 ERA－Interim，其中前 3 种产品均基于不同的单一微波传感器反演，CCI SM 产品是基于 4 个被动微波 SM 产品（SMMR、SSM/I、TMI、AMSR－E）和 2 个主动微波 SM 产品（ERS AMI、ASCAT）形成的，ERA－Interim 则整合了地面观测和气候模式的输出结果。为了验证哪种产品在云南省的效果较好，本书首先利用云南省站点的实测土壤湿度数据对以上 5 种产品进行了一系列对比分析。图 3.4 是 2008—2013 年所有站点平均的 5 种土壤湿度产品和实测土壤湿度数据的对比，以及同期的降水量。除了 AMSR－E 和 SMOS，其余产品都能良好地反映降雨事件的影响，土壤水分在降雨时有所增加，在降雨后又有所减小。此外，CCI SM 和 ERA‐Interim 还可以很好地捕捉到实测土壤湿度数据的时序动态。与实测数据相比，ASCAT 具有更高的季节变化性。云南地区的 AMSR‐E 和 SMOS 数据可能受到无线电射频干扰（Radio Frequency Interference，RFI）所以表现较差，但它们在美国和欧洲国家等地区与实测数据的对应关系很好（Peng 等，2015）。

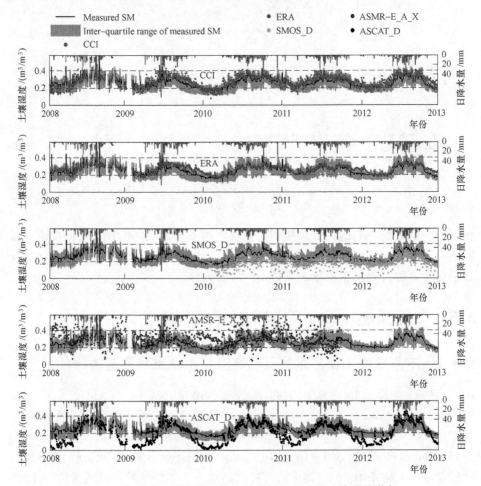

图 3.4　2008—2013 年云南省各站点平均的实测土壤湿度数据、
土壤湿度产品和降水量（Peng 等，2015）

为了定量评估这些土壤湿度产品，图 3.4 是本书所使用的 18 个站点的实测土壤湿度数据与各产品的偏差的分析结果。从图 3.4 中可以看出，ASCAT、CCI SM 和 ERA‐Interim 具有相似的相关系数，然而根据 *RMSD* 和 *ubRMSD*（无偏根方误差）来看，ERA‐Interim 的效果最好，CCI SM 和 ASCAT 次之；还可以看出，AMSR‐E 和 SMOS 的表现很差，在理论上，SMOS 利用 L

波段进行测量，所以应该提供可靠的土壤湿度产品。正如之前提到的，它们的表现不佳可能是受到了 RFI 的影响。

图 3.5 是 2008—2013 年云南省实测土壤湿度数据、土壤湿度产品和降水数据除去季节影响后的对比，可以看出，CCI SM、ASCAT 和 ERA - Interim 与观测的值具有良好的对应关系。与去除季节影响前一样，AMSR - E 和 SMOS 与实测数据之间有很大的差距。

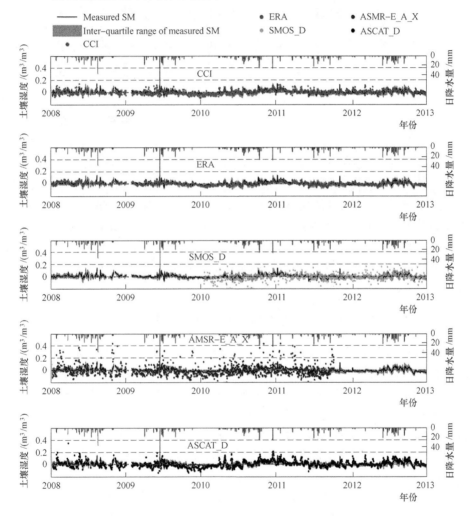

图 3.5　2008—2013 年云南省实测土壤湿度数据、土壤湿度产品和
降水数据除去季节影响后的对比（Peng 等，2015）

图 3.6 是云南省各站点的实测土壤湿度数据与不同土壤湿度产品去除季节影响后的偏差对比，其结果与绝对值比较结果相似，效果最佳的是 ERA

Interim，其次是 CCI SM 和 ASCAT，AMSR-E 和 SMOS 依旧表现不佳。

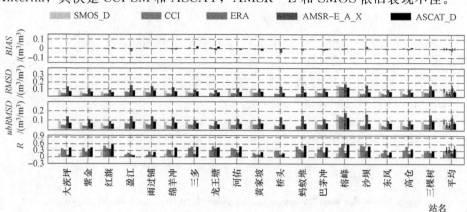

图 3.6　云南省各站点的实测土壤湿度数据与不同土壤湿度产品去除
季节影响后的偏差对比（Peng 等，2015）

通过上述的直接比较和偏差比较，都可以看出 ERA-Interim 和 CCI SM 效果较好，它们都可以捕捉到实测土壤湿度数据的变化并且能较好地反映出降雨事件的影响。在与实测土壤湿度数据的对比中发现，ERA-Interim 的 *RMSD* 值和 *ubRMSD* 值最低，而 CCI SM 与 ERA-Interim 具有相似的表现。这表明 ERA-Interim 和微波反演的 CCI SM 产品与实测土壤湿度之间具有较小的误差，能够反映土壤湿度的动态变化，因此可以选择 CCI SM 作为土壤墒情融合的基础。

3.3.2　微波和 MODIS 反演土壤墒情的融合算法

由于 CCI SM 的空间分辨率为 28km，分辨率相对较粗，而 MODIS 反演的土壤墒情空间分辨率可以达到低于 1km，因此，本书发展了两种产品的融合算法。

从国内外不同分辨率遥感产品融合算法看，目前已发展了多种通过使用辅助信息来提高 CCI SM 空间分辨率的方法（如 Loew 等，2008），由于可见光和红外产品的空间分辨率相对较高，结合微波反演产品可能获取更高时间和空间分辨率的 SM。因此，各种不同复杂程度的降尺度技术并用于可见光及红外产品和微波产品之间的融合，从而提高 SM 估计的精度（如 Choi 和 Hur，2012），其中的一些研究尝试利用地表温度与归一化植被指数构成的特征空间来描述 SM 在空间上的变化，因此，本书开发了一种全新的、简单直接的降尺度方法，仅使用 VTCI 作为输入值即可。利用 VTCI 获得高分辨率 SM 的公式为

$$SM = VTCI \frac{\overline{SM}}{\overline{VTCI}} \tag{3.5}$$

式中：SM 为经降尺度后空间分辨率为 0.05° 的 CCI SM 数据；$\overline{SM}$ 为原始的空

间分辨率为 0.25°的 CCI SM 数据；VTCI 为空间分辨率为 0.05°的比例因子；$\overline{\text{VTCI}}$为在空间分辨率为 0.25°的 CCI SM 数据中，每个格子所包含的 VTCI 的平均值。

$\overline{\text{VTCI}}$的计算公式为

$$\overline{\text{VTCI}} = \frac{1}{mn} \sum_{i=1}^{n} \sum_{j=1}^{m} \text{VTCI}_{ij} \qquad (3.6)$$

式中：m、n 分别为在空间分辨率为 0.25°的 CCI SM 中，第 i 行第 j 列的像元中所包含的空间分辨率为 0.05°像元的行数和列数。$\overline{\text{VTCI}}$的具体计算参见式（2.11）～式（2.13）。

MODIS 不仅提供了 NDVI 和白天的 LST 产品，还提供了增强植被指数 EVI 和夜间 LST 产品。为了验证哪种数据的效果最好，分别组合搭配，产生了 4 种降尺度 SM 产品（$\text{SM}_{\text{LST/NDVI}}$、$\text{SM}_{\text{LST/EVI}}$、$\text{SM}_{\text{day-night/NDVI}}$，$\text{SM}_{\text{day-night/EVI}}$）进行对比，它们分别基于 LST/NDVI、LST/EVI、day-night LST/NDVI 和 day-night LST/EVI 所构成的特征空间演算得出。空间分布（图 3.7）表明，$\text{SM}_{\text{LST/NDVI}}$的模拟效果最佳，其对不同土地利用的土壤湿度差异的表达最为清晰。从 5 个站点的统计结果（表 3.1）可以看出，$\text{SM}_{\text{day-night/NDVI}}$具有最小的平均标准偏差和最高的平均相关系数，表明利用白天和晚上的地表温度的差异能够更好地减少 LST 估算的误差。与其他研究相比较，本书发展的降尺度算法取得了相近的效果，但本书的算法更为简洁高效。

表 3.1　　不同地表温度-植被指数与 CCI SM 融合后的结果与实测值的比较结果评价

土壤湿度产品	指标	大茨坪	红旗	蚂蚁堆	盈江	平均值
CCI SM	R	0.865	0.828	0.811	0.868	0.843
	$BIAS$	−0.040	−0.057	−0.028	−0.072	−0.049
	$RMSD$	—	0.051	0.053	0.081	0.062
$\text{SM}_{\text{LST/NDVI}}$	R	0.789	0.696	0.702	0.280	0.617
	$BIAS$	−0.073	−0.030	−0.088	−0.159	−0.088
	$RMSD$	0.080	0.047	0.100	0.170	0.099
$\text{SM}_{\text{LST/EVI}}$	R	0.799	0.724	0.676	0.198	0.599
	$BIAS$	−0.076	−0.028	−0.092	−0.160	−0.089
	$RMSD$	0.086	0.045	0.107	0.174	0.103
$\text{SM}_{\text{day-night/NDVI}}$	R	0.757	0.704	0.758	0.764	0.746
	$BIAS$	−0.055	−0.055	−0.037	−0.098	−0.061
	$RMSD$	0.073	0.065	0.066	0.107	0.078

续表

土壤湿度产品	指标	大茨坪	红旗	蚂蚁堆	盈江	平均值
SM$_{day-night/EVI}$	R	0.693	0.686	0.716	0.580	0.669
	$BIAS$	−0.079	−0.051	−0.060	−0.112	−0.076
	$RMSD$	0.095	0.062	0.080	0.126	0.091

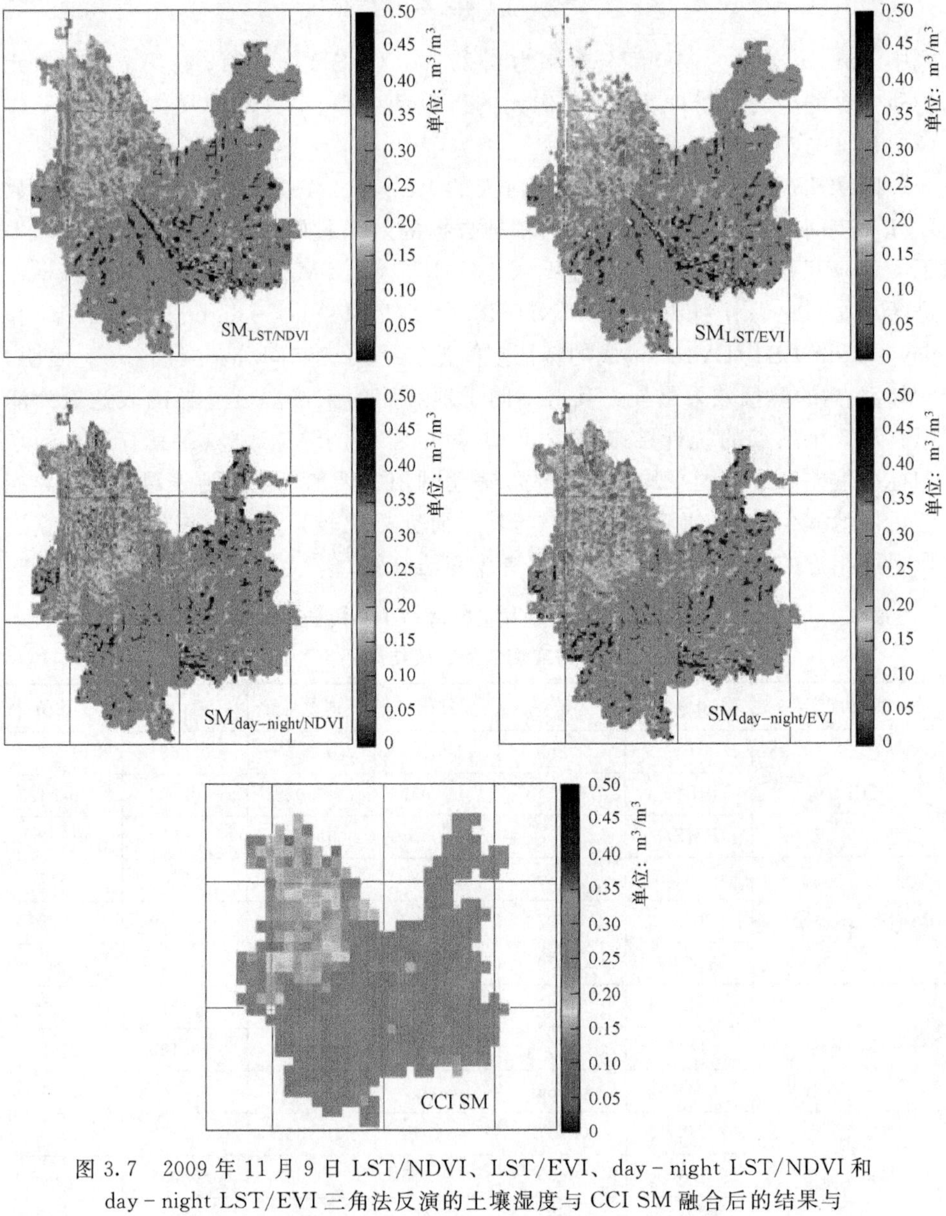

图 3.7　2009 年 11 月 9 日 LST/NDVI、LST/EVI、day‐night LST/NDVI 和
day‐night LST/EVI 三角法反演的土壤湿度与 CCI SM 融合后的结果与
CCI SM 空间分布上的对比（Peng 等，2016）

3.4　基于多源遥感数据的土壤墒情遥感反演算法集

图 3.8 展示了基于多源遥感数据的土壤墒情遥感反演算法及改进流程。首先利用 MODIS 卫星遥感数据获取 LST 和 NDVI，据此建立 LST - NDVI 特征空间，通过改进的三角法对特征空间进行计算分析得到反映土壤墒情信息的因子（如VTCI、TVDI），并利用正弦函数法在时间尺度上进行扩展和统一。与此同时，根据云南省的气象、水文数据对土壤墒情信息进行分析和推测，收集云南省土壤墒情观测站的实测数据，将推测出的土壤墒情、实测的土壤墒情与反演出的土壤墒情进行对比验证，并对结果进行不确定性分析，找出反演算法的不足，并以此为依据不断改进反演算法，从而逐步提高遥感反演结果的精度。最后结合 CCI SM 土壤湿度产品进行融合，获取更高空间分辨率的土壤湿度数据。

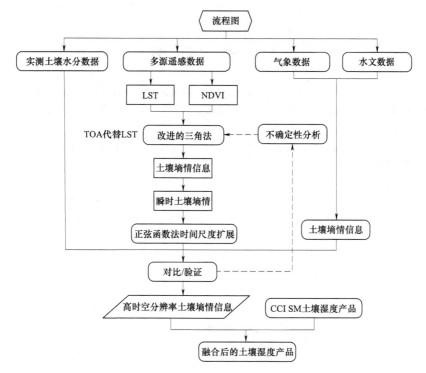

图 3.8　基于多源遥感数据的土壤墒情遥感反演算法及改进流程

3.5　小结

本章重点介绍了基于 MODIS 数据和土壤温度-植被指数方法反演土壤墒

情的主要流程。针对在模型计算中计算 LST 容易受不同大气校正算法影响的问题，本书探讨了使用 TOA 辐射量替代地表辐射量参与 LST 的计算，结果表明采用 TOA 可以避免利用地表辐射量计算中不同大气校正算法和参数的影响。

本书利用云南省的实测土壤湿度数据对国际上 5 种覆盖云南省范围的产品进行了一系列对比分析发现，CCI SM 和 ERA - Interim 可以良好地捕捉到实测土壤湿度数据的时序动态，其在季节上和对降水事件的捕捉上与实测数据有较好的相关性，其中 CCI SM 表现最佳，因此选择 CCI SM 作为融合的对象。本书开发了一种全新的、简单直接的多源遥感反演土壤墒情融合算法，仅使用利用 MODIS 数据获取的 VTCI 作为输入值即可。融合后的 CCI SM 与实测的土壤墒情数据具有良好的相关性，说明融合后的 CCI SM 是可靠的，而且它的像元尺寸缩小，从而展现出了更多的空间细节，能更有效地表现地表实际状况。

<h1 style="text-align:center">参 考 文 献</h1>

[1]　J Peng, A Loew. Evaluation of Daytime Evaporative Fraction from MODIS TOA Radiances Using FLUXNET Observations [J]. Remote Sensing, 2014, 6 (7): 5959 - 5975.

[2]　J Peng, J Niesel, A Loew. Evaluation of Satellite and Reanalysis Soil Moisture Products over Southwest China Using Ground - Based Measurements [J]. Remote Sensing, 2015, 7 (11): 15729 - 15747.

[3]　A Loew, W Mauser. On the Disaggregation of Passive Microwave Soil Moisture Data Using a Priori Knowledge of Temporally Persistent Soil Moisture Fields [J]. Transactions on Geoscience and Remote Sensing, 2008, 46 (3): 819 - 823.

[4]　M Choi, Y Hur. A microwave - optical/infrared Disaggregation for Improving Spatial Representation of Soil Moisture Ssing AMSR - E and MODIS Products [J]. Remote Sensing of Environment, 2012, 124 (2): 259 - 269.

[5]　J Peng, J A Loew. Spatial Downscaling of Satellite Soil Moisture Data Using a Vegetation Temperature Condition Index [J]. Transactions on Geoscience and Remote Sensing, 2016, 54 (1): 558 - 566.

第 4 章　土壤墒情遥感反演数据预处理

4.1　MODIS 数据预处理

NASA 提供了 6 个级别的 MODIS 标准数据产品，分别是 0 级产品（指由卫星发回经过传感器校正后的数据，也称为原始数据 Raw Data）、1 级产品（1A 数据，已经过辐射定标的数据）、2 级产品［1B 数据，经过定标和几何粗纠正后的数据，可用商用软件包（如 ENVI）直接读取］、3 级产品［在 1B 数据的基础上，对由遥感器成像过程产生的边缘畸变（Bowtie）进行了校正的数据］、4 级产品（由参数文件提供的参数，对图像进行了几何纠正、辐射校正、几何精纠正后的反射率和辐射率产品）、5 级产品（根据各种应用模型开发的产品）。本书直接在网站（http：//ladsweb. nascom. nasa. gov/data/search. html）下载 MODIS 的 3 级辐射率产品，并对 MODIS 数据进行了以下预处理过程。

（1）投影转换。投影转换主要将各种数据转换到同一投影下，从而进行不同数据的处理。

（2）镶嵌。由于研究区范围较大，包含多幅遥感影像，因此需要通过镶嵌将多幅图像拼接。

（3）重采样。为了对不同影像间进行运算，需要将所有影像的空间分辨率重采样到同一空间分辨率。重采样可以有多种方法，如最邻近法、3 次卷积法、样条函数法等，考虑到研究区影像较大，重采样均采用最邻近法以提高处理效率。

（4）裁剪。为了提取出仅包含研究区的影像数据，需要利用云南省边界进行裁剪。

4.1.1　NDVI 和 LST 的反演

4.1.1.1　MODIS 数据 NDVI 的反演

NDVI 的表达式为

$$\mathrm{NDVI} = \frac{NIR - R}{NIR + R} \tag{4.1}$$

式中：NIR、R 分别为近红外波段（$0.76 \sim 3\mu\mathrm{m}$）和红波段（$0.62 \sim 0.76\mu\mathrm{m}$）

处的反射率。

利用 MODIS 数据计算 NDVI 时，式（4.1）就变为

$$DNVI = \frac{R_2 - R_1}{R_2 + R_1} \qquad (4.2)$$

式中：R_2、R_1 分别为 MODIS 第 2 波段和第 1 波段的反射率，分别对应着近红外波段和红波段。

MODIS 也提供植被指数产品。MODIS 植被指数产品以 tile 为基本单位，其投影方式为 Integerized Sinusoidal（ISIN）grid 投影。植被指数产品是利用陆地 2 级标准数据每天的表面反射率产品（MOD09），反射率产品经过分子散射、臭氧吸收以及气溶胶校正处理，最后合成 16d 的 250m/500m 或者 1km 植被指数产品，其中 1km 植被指数产品需要将 250m 和 500m 数据像元利用 MODAGAGG 算法降尺度到 1km。植被指数产品包含了许多相关的 SDS（Science Data Sets）数据集，包括：16d 的 NDVI、EVI 值，16d 的 NDVI、EVI 的质量评估（QA），剩余的红（band1）、近红（band2）、中红（band6）以及蓝（band3）的反射率，卫星高度，太阳高度以及相对的方位角。图 4.1 和图 4.2 分别是计算得到的 2000 年 3 月 2 日云南省 NDVI 和 EVI 空间分布示意图。

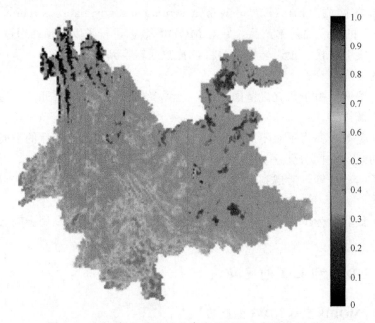

图 4.1　2000 年 3 月 2 日云南省 NDVI 空间分布示意图

4.1.1.2　MODIS 数据 LST 的反演

根据使用波段数的不同，现有的热红外遥感数据 LST 反演算法基本可以

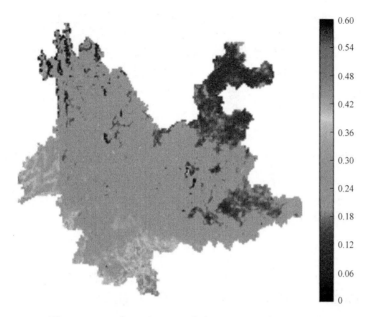

图 4.2 2000 年 3 月 2 日云南省 EVI 空间分布示意图

分为 3 类：单通道算法、劈窗算法和多波段算法。其中，劈窗算法通过相邻热红外波段的吸收差异消除大气影响，降低了对大气参数的敏感性，输入参数少，模型相对简单且易操作，且可以保持较高的反演精度，应用最为广泛。

对于 MODIS 数据来说，劈窗算法利用 $10\sim13\mu m$ 大气窗口内，两个相邻热红外通道（波长为 $10.5\sim11.5\mu m$、$11.5\sim12.5\mu m$）对大气吸收作用的不同，通过两个通道辐射值的组合来剔除大气的影响。经过近 20 多年的发展，目前在国际权威杂志上发表的劈窗算法已有 10 多种。其中，QIN 算法（Qin 等，2001）在各种情况下都有较高的反演精度，而且相对于 Frana 和 Cracknell（1994）、Prata（1993）以及 Sobrino 等（1991）文献中精度较高的算法，QIN 算法模型简单，所需参数较少。

对于 MODIS 数据，QIN 算法的主要公式为

$$T_s = A_0 + A_1 T_{31} - A_2 T_{32} \tag{4.3}$$

式中：T_s 为地表温度值；T_{31}、T_{32} 分别为 MODIS31、MODIS32 波段亮度温度；A_0、A_1、A_2 为算法系数。

A_0、A_1、A_2 计算公式为

$$A_0 = \frac{a_{31} D_{32} (1 - C_{31} - D_{31})}{D_{32} C_{31} - D_{31} C_{32}} - \frac{a_{32} D_{31} (1 - C_{32} - D_{32})}{D_{32} C_{31} - D_{31} C_{32}} \tag{4.4}$$

$$A_1 = 1 + \frac{D_{31}}{D_{32} C_{31} - D_{31} C_{32}} + \frac{b_{31} D_{32} (1 - C_{31} - D_{31})}{D_{32} C_{31} - D_{31} C_{32}} \tag{4.5}$$

$$A_2 = \frac{D_{31}}{D_{32}C_{31} - D_{31}C_{32}} + \frac{b_{31}D_{32}(1 - C_{31} - D_{31})}{D_{32}C_{31} - D_{31}C_{32}} \tag{4.6}$$

式中：a_i、$b_i(i=31、32)$ 为常量，针对 MODSI 数据，$a_{31} = -64.60363$、$b_{31} = 0.440817$、$a_{32} = -68.72575$、$b_{32} = 0.473453$。

C_i、$D_i(i=31、32)$ 定义为

$$C_i = \varepsilon_i \tau_i(\theta) \tag{4.7}$$

$$D_i = [1 - \tau_i(\theta)][1 + (1 - \varepsilon_i)\tau_i(\theta)] \tag{4.8}$$

式中：ε_i 为第 i 波段地表比辐射率；$\tau_i(\theta)$ 为第 i 波段传感器视角 θ 处的大气透过率。

大气透过率、地表比辐射率和表观温度是 QIN 算法 LST 反演的 3 个基本参数。表观温度由 Planck 函数的逆函数求取，计算公式为

$$T_i = C_2 / \lambda_i \ln\left(1 + \frac{c_1}{\lambda_i^5 I_i}\right) \tag{4.9}$$

式中：I_i 为表观辐射亮度，由 MODIS 波段 DN 值定标而得到；λ_i 为有效中心波长，针对 MODIS31、MODIS32 波段分别取 $\lambda_{31} = 11.03\mu m$，$\lambda_{32} = 12.02\mu m$；$C_1$、$C_2$ 为光谱常量，$C_1 = 1.19104356 \times 10^{-16}$ W·m^2，$C_2 = 1.4387685 \times 10^4 \mu m \cdot K$。

图 4.3 是计算得到的 2000 年 3 月 2 日云南省 LST 空间分布示意图。

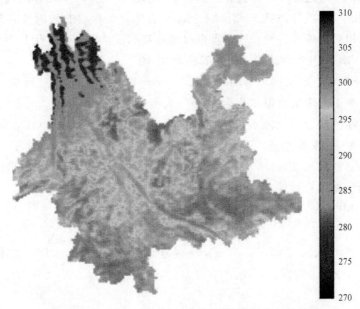

图 4.3　2000 年 3 月 2 日云南省 LST 空间分布示意图

4.1.1.3　地表比辐射率的计算

地表比辐射率是物体与黑体在同温度、同波长下的辐射出射度的比值，它

受物体的表面状态、介电常数、含水量、温度、物体辐射能的波长、观测角度等多种因素的影响。目前求地表比辐射率的方法主要有差值法、独立温度光谱指数法（TISI）和 NDVI 阈值法等。由于 MODIS 影像图像分辨率较低，假设地表主要由水面、植被和裸土 3 种地物类型构成，可按这 3 种地物的构成比例，建立如下计算 MODIS 影像的地表比辐射率的式子。

$$X_i = X_{iw} + P_v R_v X_{iv} + (1 - P_v) R_s X_{is} \qquad (4.10)$$

式中：X_i 为第 $i(i = 31、32)$ 波段的地表比辐射率；X_{iw}、X_{iv} 和 X_{is} 分别为水体、植被和裸土在第 $i(i = 31、32)$ 波段的地表比辐射率，分别取 $X_{31w} = 0.99683$，$X_{32w} = 0.99254$，$X_{31v} = 0.98672$，$X_{32v} = 0.98990$，$X_{31s} = 0.96767$，$X_{32s} = 0.97790$；P_v 为像元的植被覆盖率，可通过植被指数进行估算；R_v、R_s 分别为植被和裸土的辐射比率。

4.1.1.4 大气透过率的计算

大气透过率是地表辐射能（反射能）透过大气到达卫星传感器的能量与地表辐射能（反射能）的比值。可利用两通道比值法直接从遥感影像上反演大气的水汽含量，再利用大气水汽含量与大气透过率的关系推算出大气透过率。计算大气水汽含量的公式为

$$W = [(T - \ln T_w)/U]^2 \qquad (4.11)$$

式中：W 为大气水汽含量；T_w 为大气水汽吸收波段地面反射率与大气窗口波段地面反射率的比值；T、U 为参数，分别取 $T = 0.02$，$U = 0.651$。

因为大气透过率与大气水汽含量之间呈现接近线性的关系，故可建立求解大气透过率的公式。不同水汽含量下 MODIS31 和 MODIS32 波段的大气透过率估算公式见表 4.1。

表 4.1　　MODIS31 和 MODIS32 波段的大气透过率估算公式

水汽含量/（g/cm²）	大气透过率估算方程	SEE	R^2	F
0.4～2.0	$f_{31} = 0.99513 - 0.08082W$	0.0044	0.9914	804.4
	$f_{32} = 0.99376 - 0.11369W$	0.0055	0.9932	1028.7
2.0～4.0	$f_{31} = 1.08692 - 0.12759W$	0.0025	0.9992	11553.0
	$f_{32} = 1.07900 - 0.15925W$	0.0008	0.9999	173498.3
4.0～6.0	$f_{31} = 1.07268 - 0.12571W$	0.0026	0.9991	9921.6
	$f_{32} = 0.93821 - 0.12613W$	0.0059	0.9955	1992.4

4.1.2　TVDI 特征空间干湿边的确定

LST - NDVI 特征空间是由研究区内同一 NDVI 对应的最低、最高地表温

度的散点图构成的，散点图呈梯形或三角形。LST－NDVI 特征空间的具体构建过程如下。

（1）分别从 NDVI、T_s 中导出每个像素对应的 NDVI 值和 T_s 值，得到同一个像素的 NDVI 值和 T_s 值。

（2）统计得到每个 NDVI 值对应的最高地表温度（T_{max}）和最低地表温度（T_{min}），处理过程中 NDVI 可以选取合适的步长。

（3）以 T_s 为纵坐标、NDVI 为横坐标，绘制 T_{max}－NDVI 和 T_{min}－NDVI 散点图，从而得到 LST－NDVI 特征空间。

利用上述方法获得的 LST－NDVI 特征空间中的 T_{max} 和 T_{min}，将 T_{max} 与 NDVI、T_{min} 与 NDVI 分别进行线性拟合，就能得到 T_{max} 与 NDVI 的线性方程（干边方程）和 T_{min} 与 NDVI 的线性方程（湿边方程）。但通常湿边、干边上的点并不是非常严格地呈直线形状分布，部分点与其他点偏离的程度较大，因此需要对干边、湿边方程进行拟合，从而确定哪些点能够参与干湿边方程的拟合。地表温度的最大值应随植被指数的增加而降低，而在植被覆盖较低的地区，受到土壤背景的影响，NDVI 并不能很好地反映地表植被覆盖程度。因此，本书选取 0.2＜NDVI＜0.7 对应的点来拟合干边方程，同样的道理，选取 0.1＜NDVI＜0.7 对应的点来拟合湿边方程。

4.2　降水、地面观测土壤墒情、地表反照率数据产品预处理

本书中的降水遥感反演产品采用 TRMM（Tropical Rainfall Measuring Mission）3B42 产品和站点观测资料。1997 年，美国国家宇航局和日本国家空间发展局共同研制并发射了热带测雨卫星 TRMM，该卫星是第一颗星载测雨卫星，卫星轨道面倾角为 35°，运行周期为 91.3min，其降水数据产品已被广泛应用于全球，空间分辨率达 0.25°×0.25°。

本书所用的地面观测土壤墒情数据来自于云南省土壤水分监测站，选择现有资料序列较好的土壤水分观测站的资料，并在相应的土壤水分站点，分别采集了土壤样品，在室内分析了其含水量，并与土壤水分自动站观测数据进行对比。基于最基础的原始数据，整理统计各长度时间段内的数据总和、平均值等，为后续的各类分析做好准备。收集各观测站的位置、坡度、坡向、土地利用等信息，运用 GIS 空间分析和统计技术分析坡度、坡向、土地利用对不同站点土壤水分观测值的影响。

地表反照率（Albedo）指地表对入射的太阳辐射的反射通量与入射的太阳辐射通量的比值，而地表对某波段在一定方向上反射的太阳辐射通量与入射

的太阳辐射通量之比，称为地表反射率，反照率是反射率对所有观测方向的积分。地表反照率既是地面辐射场的重要要素之一，也是一个广泛应用于地表能量平衡、中长期天气预测和全球变化研究的重要参数。MODIS 采用 AMBRALS（Algorithm of MODIS Bidirectional Reflectance Anisotropy of the Land Surface）（Lucht 等，2002）算法，应用半经验的线性核驱动模型，对 16d 周期的多角度多波段 MODIS 观测数据反演得到 1km 空间分辨的全球 BRDF/Albedo 产品，算法的处理流程主要包括大气校正、波段反射率的角度建模以及窄波段向宽波段反照率转换 3 个步骤。该算法是基于二向反射模型反演的方法，在半球空间上对 BRED（Bidirectional Reflectance Distribution Function）模型进行数值积分，可以得到较为精确的地表反照率反演结果。MODIS 的反照率产品具体信息见表 4.2。

表 4.2 双向反射分布函数和半球反射率产品

产品简称	平台	MODIS 产品	栅格类型	分辨率/m	时间分辨率/d
MCD43A3	Combined	Albedo	Tile	500m	16
MCD43B3	Combined	Albedo	Tile	1000m	16
MCD43C3	Combined	Albedo	CMG	5600m	16

本书中反照率直接采用分辨率为 1000m 的 MCD43B3 产品。

降水数据与地表反照率数据的预处理过程如下。

（1）数据下载及读取。在 http：//pps.gsfc.nasa.gov 下载 TRMM 数据，数据的初始格式为 hdf 格式。在 Matlab 中编写程序读取 TRMM 数据，并将其转换为 GEOTIFF 栅格数据格式。在 https：//ladsweb.nascom.nasa.gov/data/search.html 下载 MODIS 反照率产品。

（2）投影变换。将下载的栅格数据转换为与 MODIS 数据相同的投影方式。

（3）镶嵌。将几个分幅影像通过镶嵌图像拼接。

（4）裁剪。利用裁剪工具除去影像中研究区以外的区域。

4.3 土壤墒情遥感监测产品生成

根据 4.1.2 节中描述的流程计算云南省每月的 TVDI 产品，计算结果如图 4.4 所示。

在云南省的 18 个土壤墒情站点中随机选取 4 个站点，将 4 个站点的表层 10cm、20cm 和 40cm 的实测土壤湿度数据，与同一时段的栅格 TVDI 数据进

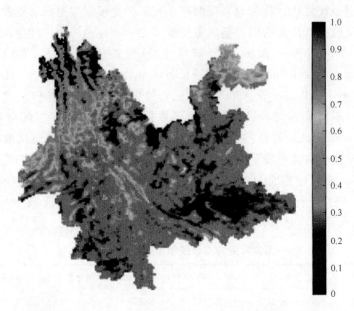

图 4.4　2000 年 3 月 2 日云南省 TVDI 空间分布示意图

行相关性分析，统计结果如图 4.5 所示，表明 TVDI 与土壤表层含水量之间表现出显著的相关性，随着土壤湿度的增大，TVDI 呈减小的趋势，对 TVDI 和土壤湿度的线性拟合结果经过 t 检验发现线性回归方程都超过 0.05 的显著性水平。图 4.6 是 TVDI 与降水的变化趋势，从图中可以看出 TVDI 能有效地捕捉到降水事件的影响。这说明 TVDI 能够反映土壤水分状况的变化趋势，其作为旱情评价指标是合理的。

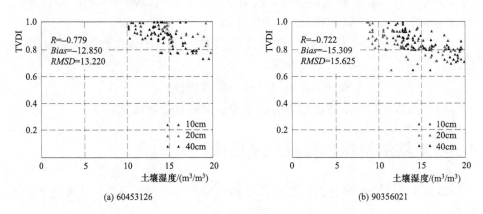

图 4.5（一）　云南省 4 个墒情观测站点的实测土壤湿度数据与
遥感反演 TVDI 结果的对比

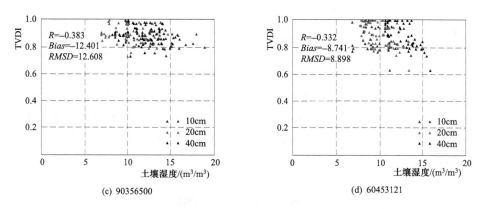

(c) 90356500 (d) 60453121

图 4.5（二）　云南省 4 个墒情观测站点的实测土壤湿度数据与
遥感反演 TVDI 结果的对比

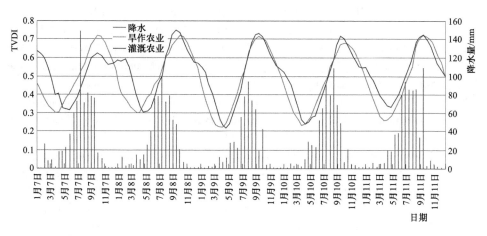

图 4.6　基于 MODIS 计算的 16 日平均的 TVDI 与降水变化

4.4　土壤干旱遥感监测分级指标

　　基于以上分析，结合云南省的自然地理条件，本书建立了 TDVI 与不同干旱等级的关系，见表 4.3。当 TVDI 大于 0.8 时，土壤旱情最为严重；当 TVDI 小于 0.4 时，则认为没有发生干旱。

表 4.3　　　　　　　　　　　TVDI 与干旱等级之间的关系

指标名称 ＼ 干旱等级	轻度干旱	中度干旱	严重干旱
TVDI	0.4＜TVDI＜0.6	0.6＜TVDI＜0.8	0.8＜TVDI＜1.0

4.5　小结

本章介绍了基于 MODIS 数据进行土壤墒情反演时所用的卫星遥感数据及来源，包括地表辐射率、地表反射率、TRMM 等。其核心是通过 MODIS 数据计算 NDVI 和 LST，构建植被指数-土壤温度特征空间，进而反演地表土壤湿度（墒情）。通过分析干旱指数（TVDI）与不同干旱等级的关系，建立了反映不同干旱程度的定量指标。

参　考　文　献

[1] 　Z H Qin, G Dall'Olmo, A Karnieli. Derivation of Split Window Algorithem and Its Sensitivity Analysis for Retrieving Land Surface Temperature from NOAA – AVHRR Data [J] . Journal of Geophysical Research, 2001, 106 (D19): 22655 – 22670.

[2] 　G B Frana, A P Cracknell. Retrival of Land and Sea Surface Temperature Using NOAA – AVHRR Data in North Eastern Brazil [J] . International Journal of Remote Sensing, 1994, 15 (8): 1695 – 1712.

[3] 　A J Prata. Land Surface Temperature Derived from the Advanced very High Resolution Radiometerand the Along – track Scanning Radiometer Theory [J] . Journal of Geophysical Research, 1993, 981 (D9): 16689 – 16702.

[4] 　J Sobrino, C Collc, V Caselles. Atmospheric Correction for Land Surface Temperature Using NOAA – Ⅱ AVHRR Channels 4 and 5 [J] . Remote Sensing of Environmental, 1991, 38 (1): 19 – 34.

[5] 　W Lucht, C Schaaf, A Strahler. An Algorithm for the Retrieval of Albedo from Space Using Semiempirical BRDF Models [J] . Transactions on Geoscience and Remote Sensing, 2002, 38 (2): 977 – 998.

第5章 云南省土壤墒情时空分布特征

5.1 云南省降雨及蒸发的时空分布特征

根据气候、地理和种植分区等因素将云南省分为滇中、滇东北、滇东南、滇西南及滇西北5个分区,如图5.1所示(顾世祥,2012)。采用1964—2013年各气象站点的降雨和蒸发数据,计算的云南省5个区域的多年平均年降雨量和蒸发量,并分析降雨和蒸发的时空分布特征。

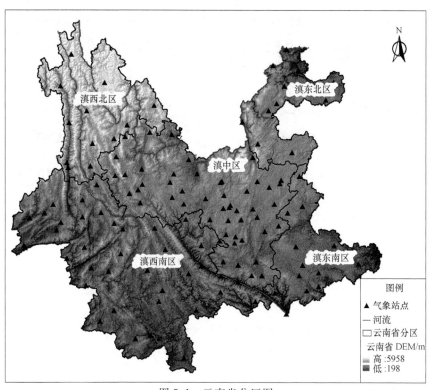

图 5.1 云南省分区图

5.1.1 降雨及蒸发时间上的变化趋势

从1964—2013年云南省各区域降雨量和蒸发量的时间序列来看(图5.2),

50 年间云南省各区域逐年降雨量和蒸发量分布极不平衡，且波动较大，大部分地区降雨量呈减少的趋势，其中滇东北、滇东南、滇中、滇西北地区降雨量减少速率分别为 21.62mm/10a、15.83mm/10a、59.81mm/10a、53.31mm/10a，滇西北地区降雨量减少速度最快，而滇西南地区降雨量呈增加趋势，其增加速率为 6.88mm/10a；各地区蒸发量均呈减少趋势，滇东北、滇东南、滇中、滇西北和滇西南地区蒸发量下降速率分别为 41.06mm/10a、53.26mm/10a、38.89mm/10a、34.44mm/10a 和 28.48mm/10a，滇东南地区蒸发量下降速度最快，滇西南地区蒸发量下降速度最慢。各地区蒸发量均大于降雨量，其中滇中地区降雨量和蒸发量差距最大，滇东南和滇西南地区差距相对较小。

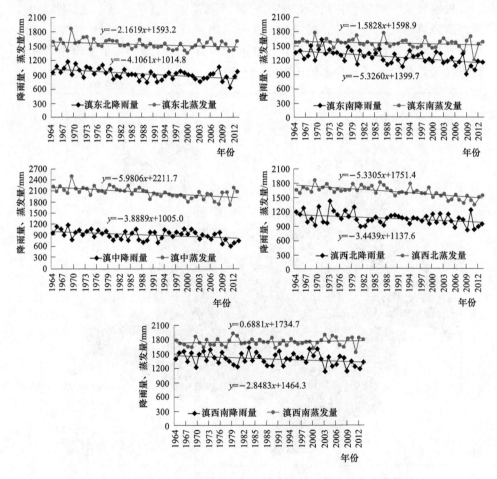

图 5.2　1964—2013 年云南省各区域降雨量和蒸发量的变化情况

从云南省各区域多年平均年降雨量（表 5.1）和蒸发量（表 5.2）情况可以看出，滇东北地区多年平均年降雨量为 910.1mm，降雨极值分别出现在 1968 年

表 5.1 云南省各区域多年平均年降雨情况

分区	最大降雨量		最小降雨量		多年平均年降雨量 /mm	极差 /mm
	年份	降雨量 /mm	年份	降雨量 /mm		
滇中	1968	1174.5	2011	600.3	905.5	574.2
滇东北	1968	1179.5	2011	595.3	910.1	584.2
滇西南	1983	1628.0	2003	1124.2	1391.7	503.8
滇东南	1971	1647.9	2009	892.5	1263.8	755.4
滇西北	1973	1436.8	2009	810.1	1049.8	626.7

表 5.2 云南省各区域多年平均年蒸发情况

分区	最大蒸发量		最小蒸发量		多年平均年蒸发量 /mm	极差 /mm
	年份	蒸发量 /mm	年份	蒸发量 /mm		
滇中	1969	2502.0	2011	1695.5	2059.2	806.5
滇东北	1969	1874.0	2000	1362.2	1538.1	511.8
滇西南	1979	1934.4	2011	1516.9	1752.2	417.5
滇东南	1969	1790.5	2011	1200.0	1558.5	590.5
滇西北	1969	1866.3	2011	1333.0	1615.5	533.3

和 2011 年，其中最大降雨量达到 1179.5mm，最小降雨量仅为 595.3mm，降雨极差为 584.2mm；多年平均年蒸发量为 1538.1mm，蒸发极值分别出现在 1969 年和 2000 年，其中最大蒸发量达到 1874.0mm，最小蒸发量仅为 1362.2mm，蒸发极差为 511.8mm。滇东南地区多年平均年降雨量为 1263.8mm，降雨极值分别出现在 1971 年和 2009 年，其中最大降雨量达到 1647.9mm，最小降雨量仅为 892.5mm，降雨极差为 755.4mm；多年平均年蒸发量为 1558.5mm，蒸发极值分别出现在 1969 年和 2011 年，其中最大蒸发量达到 1790.5mm，最小蒸发量为 1200.0mm，蒸发极差为 590.5mm。滇中地区多年平均年降雨量为 905.5mm，降雨极值分别出现在 1968 年和 2011 年，其中最大降雨量达到 1174.5mm，最小降雨量仅为 600.3mm，降雨极差为 574.2mm；多年平均年蒸发量为 2059.2mm，蒸发极值分别出现在 1969 年和 2011 年，其中最大蒸发量达到 2502.0mm，最小蒸发量为 1695.5mm，蒸发极差为 806.5mm。滇西北地区多年平均年降雨量为 1049.8mm，降雨极值分别出现在 1973 年和 2009 年，其中最大降雨量达到 1436.8mm，最小降雨量仅为 810.1mm，降雨极差为 626.7mm；多年平均年蒸发量为 1615.5mm，蒸发极

值分别出现在 1969 年和 2011 年，其中最大蒸发量达到 1866.3mm，最小蒸发量为 1333.0mm，蒸发极差为 533.3mm。滇西南地区多年平均年降雨量为 1391.7mm，降雨极值分别出现在 1983 年和 2003 年，其中最大降雨量达到 1628.0mm，最小降雨量为 1124.2mm，降雨极差为 503.8mm；多年平均年蒸发量为 1752.2mm，蒸发极值分别出现在 1979 年和 2011 年，其中最大蒸发量达到 1934.4mm，最小蒸发量为 1516.9mm，蒸发极差为 417.5mm。

综上所述，云南省各地区最大降雨量主要集中在 1968—1983 年，其降雨量滇东南＞滇西南＞滇西北＞滇东北＞滇中，最小降雨量出现在 2003—2011 年，主要集中在 2009 年和 2011 年，此时云南省正在遭受旱情，其降雨量滇西南＞滇东南＞滇西北＞滇中＞滇东北；各地区最大蒸发量主要出现在 1969 年和 1979 年，其蒸发量滇中＞滇西南＞滇东北＞滇西北＞滇东南，最小蒸发量出现在 2000 年和 2011 年，其蒸发量滇中＞滇西南＞滇东北＞滇西北＞滇东南。可见，云南省各地区出现降雨和蒸发最大最小量的时间不一样，且空间分布也不一样，滇西南地区降雨和蒸发极值时间与其他地区有明显的差异，滇中和滇东北降雨极值时间一致，滇东南和滇西北降雨极值时间基本一致，滇中、滇东南和滇西北蒸发极值时间一致。

5.1.2　降雨及蒸发空间上的变化趋势

5.1.2.1　降雨及蒸发的空间分布特征

通过计算全省 128 个气象站点的多年平均年降雨量和蒸发量，利用 ArcGIS 软件分析各气象站点及云南省各分区降雨和蒸发的空间分布特征，结果如图 5.3 和图 5.4 所示。

受夏季风变化和地形条件的影响，云南省多年平均年降雨量空间分布极不均匀，大体上呈现出四周降雨多，中部降雨少的态势（王杰，2016）。滇西南地区多年平均年降雨量最多，其整体上呈现西南多，东北少的态势，其中江城站降雨量最多，达到 2457.5mm，保山站降雨量最少，仅为 744.9mm；滇东南地区多年平均年降雨量仅次于滇西南地区，其中罗平站降雨量最多，达到 1565.0mm，广南站降雨量最少，也有 1428.2mm；滇西北地区降雨量基本呈西多东少的态势，其中贡山站的降雨量最大，为 1739.25mm，云龙站降雨量最少，仅为 746.2mm；滇东北地区降雨量则呈北部、东部多，西部少的态势，其中孟津站降雨量最多，达到 1371.1mm，会泽站降雨量最少，仅为 735.3mm；滇中地区多年平均年降雨量最少，其中南部个旧站降雨量最多，达到 1196.5mm，大理宾川站降雨量最少，仅为 518.95mm。

从云南省多年平均年蒸发量的空间分布情况（图 5.4）可以看出，空间上

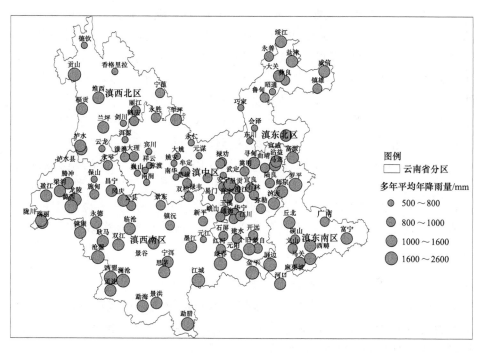

图 5.3　云南省多年平均年降雨量的空间分布示意图

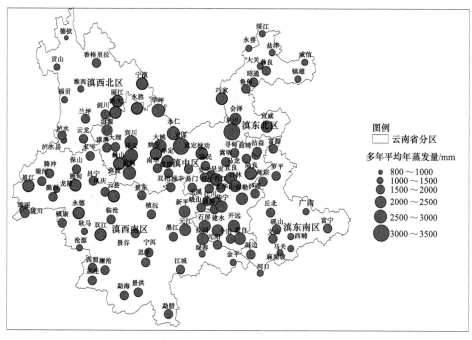

图 5.4　云南省多年平均年蒸发量的空间分布示意图

云南省多年平均年蒸发量整体上呈现出中部高，四周低的趋势，与降雨量的空间分布规律正好相反，其中滇中地区整体蒸发量最大，多年平均年蒸发量达到2059.2mm，呈现出西高东低的趋势，东川站蒸发量最高，达到3400.3mm，昆明太华山站蒸发量最低，为1686.15mm；滇西北地区蒸发量呈现东南高西北低的趋势，东南部的丽江站蒸发量最高，达到2241.9mm，西北部德钦站蒸发量最低，仅为830.55mm；滇东南地区蒸发量呈现西北高东南低的趋势，其中文山站蒸发量最高，达到1861.2mm，西畴站蒸发量最低，为1152.0mm；滇西南地区靠近元江河谷地区的新平站和元江站蒸发量较高，其中元江站蒸发量最高，达到2309.25mm，绿春站蒸发量最低，为1414.15mm；滇东北地区蒸发量呈现南高北低的趋势，其中位于南部金沙江河谷区的巧家站蒸发量最高，达到2417.45mm，北部孟津站蒸发量最低，为1017.7mm。

5.1.2.2　降雨及蒸发的空间变化特征

通过计算全省128个气象站点多年平均降雨倾向率和多年平均蒸发倾向率，利用 ArcGIS 软件分析各气象站点及云南省各分区降雨和蒸发的空间变化趋势，结果如图5.5和图5.6所示。

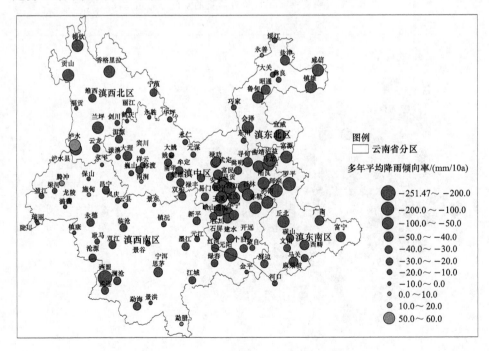

图 5.5　云南省多年平均年降雨量的变化趋势示意图

从云南省多年平均年降雨量的变化趋势（图5.5）可以看出，云南省各地区降雨量整体上呈现减少的趋势，仅在滇西南地区的腾冲站、施甸站、宁洱站和勐腊站，滇中地区的南涧站，滇西北地区的泸水站以及滇东北地区的永善站，降雨量呈增加趋势，其中泸水站降雨量增加趋势最为明显，多年平均降雨倾向率达到58.07mm/10a。云南省大部分地区多年降雨倾向率呈负值，负值代表降雨量呈减少趋势，正值代表降雨量呈增加趋势，在空间上降雨量整体呈现出从西向东减少越来越显著的趋势，降雨量减少速率最快的地区主要集中在滇中地区的东部，降雨量减少趋势最显著出现在滇西南地区的西盟站，多年平均降雨倾向率达到−251.47mm/10a，但该区域其他站点降雨量减少趋势较小，甚至有些站点降雨量呈增加趋势；滇西北地区除泸水站外，其他站点降雨量均呈减少趋势，其中贡山站降雨量减少趋势最为显著，多年平均降雨倾向率为−95.82mm/10a；滇中地区除南涧站外，其余站点降雨量均呈减少趋势，降雨量整体呈现出由西向东减少越来越显著的趋势，降雨量减少速率最快出现在昆明站，多年平均降雨倾向率仅为−116.31mm/10a；滇东北地区除永善站，其余站点降雨量均呈减少趋势，镇雄站降雨量减少趋势最为显著，多年平均降雨倾向率仅为−92.69mm/10a；滇东南地区降雨量呈减少趋势，减少速率整体上呈现北大南小的趋势，罗平站降雨量减少趋势最为显著，多年平均降雨倾向率仅为−127.56mm/10a。

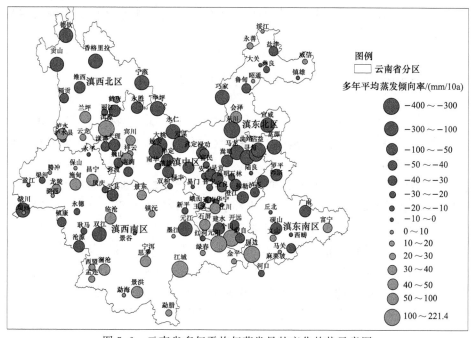

图5.6 云南省多年平均年蒸发量的变化趋势示意图

从云南省多年平均年蒸发量的变化趋势（图 5.6）可以看出，在空间上云南省多年平均蒸发倾向率的变化较大，蒸发量整体上呈现出从西南向东北减少的趋势，其中西南大部分地区蒸发量呈增加的趋势，东北部大部分地区蒸发量呈减少的趋势。在滇西南地区大部分站点多年平均蒸发倾向率呈现正值，仅在瑞丽、双江、沧源、元江、云县等站点多年平均蒸发倾向率呈负值，其中蒸发量减少速率最大为元江站，多年平均蒸发倾向率达到 -218.36mm/10a，蒸发量增加速率最大为江城站，多年平均蒸发倾向率达到 221.39mm/10a；滇中地区蒸发量呈现中东部减少速率大，西部、南部减少速率小的趋势，个旧、元阳、洱源、宾川、祥云、巍山等站点蒸发量呈现增加趋势，其中东川站蒸发量减少趋势最为明显，多年平均蒸发倾向率达到 -379.32mm/10a，个旧站蒸发量增加趋势最明显，多年平均蒸发倾向率为 116.71mm/10a；滇西北地区蒸发量呈现东南增加，西北减少的趋势，其中德钦站蒸发量减少趋势最为显著，多年平均蒸发倾向率达到 -200.44mm/10a，云龙站蒸发量增加趋势最为显著，多年平均蒸发倾向率为 20.98mm/10a；滇东南地区蒸发量呈现东南增加，西北减少的趋势，其中富源站蒸发量减少趋势最为显著，多年平均蒸发倾向率为 -112.92mm/10a，屏边站蒸发量增加趋势最为显著，多年平均蒸发倾向率为 219.17mm/10a；滇东北地区蒸发量大体呈现出由北向南减小越来越大的趋势，其中宣威站蒸发量减少趋势最为显著，多年平均蒸发倾向率为 -152.52mm/10a，会泽站蒸发量增加趋势最为显著，多年平均蒸发倾向率为 85.34mm/10a。

5.2　不同时相的 TVDI 特征空间分析

从云南省 2008—2013 年间平均各月的 NDVI－LST 特征空间（图 5.7）可以看出，所有时相的特征空间均保持较稳定的三角形形状，但不同时相所对应的特征空间也有很大的不同。干湿边在 Y 轴（LST 轴）上的截距对应的生态学意义在于裸土像元在水分缺乏时和水分充足时的地表温度（鲍艳松，2014；易佳，2012；张喆，2013）。根据各月的特征空间可以看出，干湿边的截距随着季节的变化发生相应的变化，在冬季（11 月至次年 1 月）干湿边截距都较小，在温度相对较高的春秋季节（2—4 月、8—10 月）其截距较冬季的截距明显增加，而在温度最高的夏季，其截距明显增大，高于其他季节，这种变化符合自然规律。此外，从图 5.7 中还可以看出干湿边的斜率变化较为随机，缺乏明显的规律性，导致这种现象的主要原因可能是蒸散、冠层传导度以及土壤湿度的不确定性。

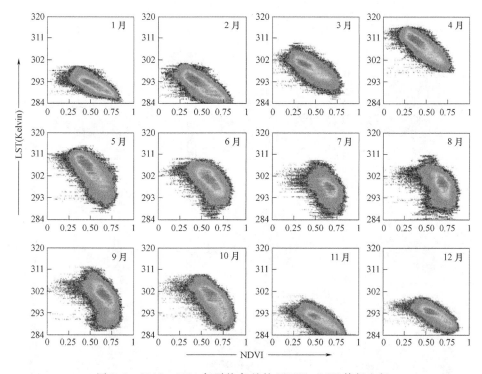

图 5.7　2008—2013 年平均各月的 NDVI–LST 特征空间

5.3　不同时相的 VCTI 特征空间分析

利用前面介绍的基于 MODIS 数据反演土壤墒情的改进方法,计算了 2008—2012 年每个月的 VTCI,图 5.8 为 2008—2012 年每个月的 VTCI 空间分布示意图。其中,VTCI 取值范围为 [0,1],其值越低,土壤湿度越低,干旱越严重。

5.3.1　VCTI 在时间上的变化趋势

从图 5.8 可以看出,在 2008—2012 年这 5 年中,1—4 月、12 月 VTCI 值普遍比较低,其中 1—4 月低值范围较广,1 月的 VTCI 值相对最低。2008 年 1 月、4 月、6 月、8 月 VTCI 值普遍较低且范围较大,其余月份相对正常。2009 年除 1 月、6 月外,其他月份呈现连续性干旱,VTCI 低值范围广、程度深,10—12 月 VTCI 值相对上一年明显减少,发生了云南省近年来最为严重的干旱灾害。2010 年上半年 VTCI 值依旧保持大面积较低的状态,因此上一年

47

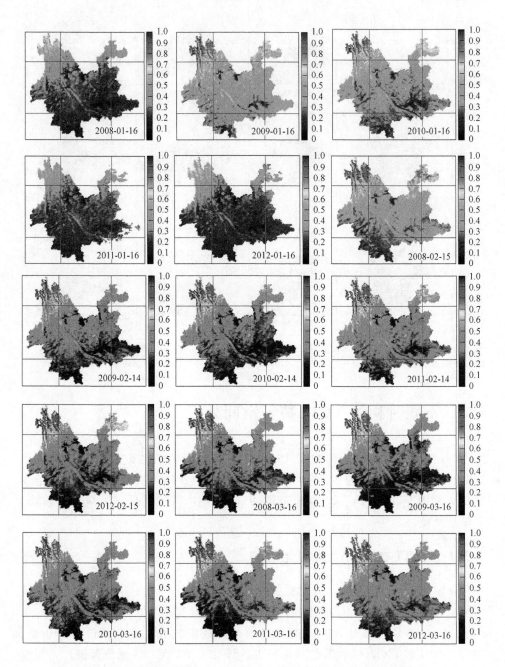

图 5.8（一）　云南省 2008—2012 年各月 VTCI 空间分布示意图

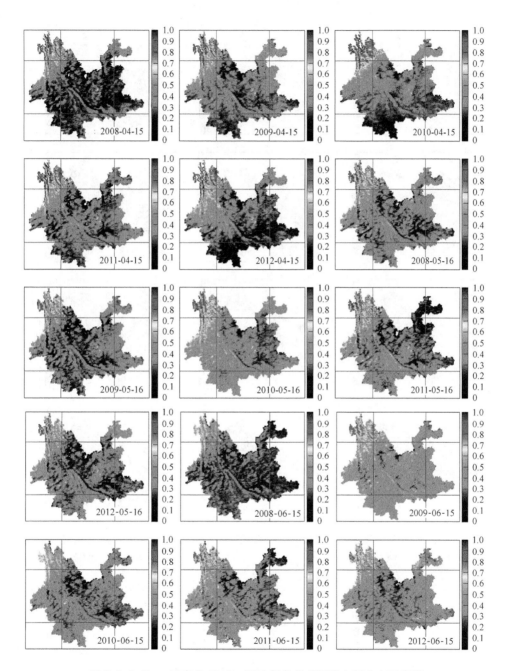

图 5.8（二）　云南省 2008—2012 年各月 VTCI 空间分布示意图

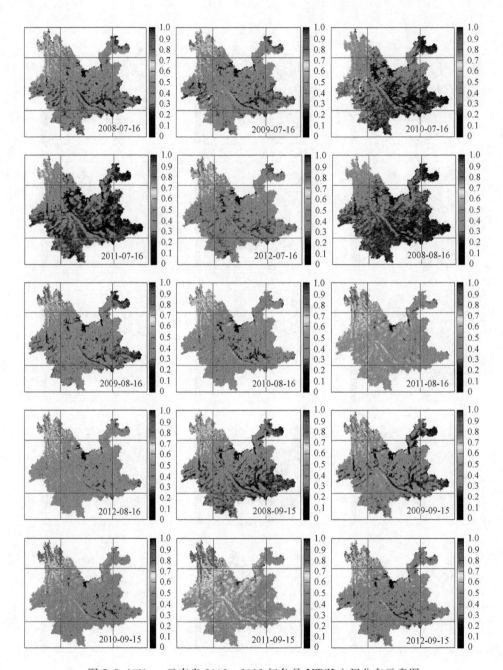

图 5.8（三）　云南省 2008—2012 年各月 VTCI 空间分布示意图

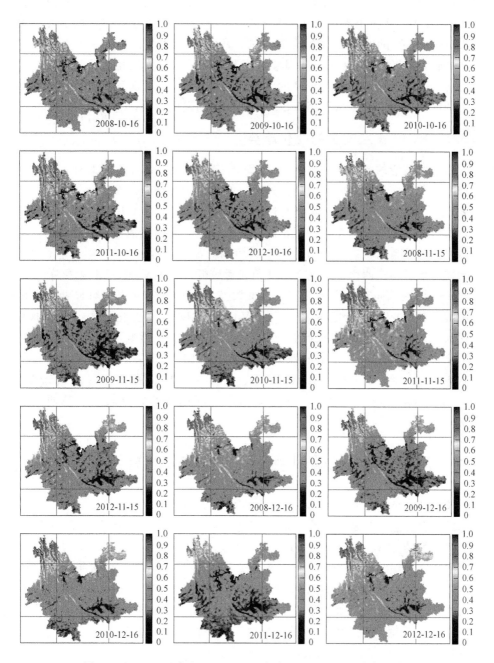

图 5.8（四）　云南省 2008—2012 年各月 VTCI 空间分布示意图

的干旱一直持续，直到 8—9 月 VTCI 值才整体相对有所增加，但进入冬季后又有所回落，基本与上一年同期持平。2011 年云南省降雨量较往年偏低，因此 1—7 月 VTCI 值也整体偏低，而且 1 月、7 月相对比较严重，低值面积最广，8—9 月受雨季影响，VTCI 值整体回升，10—12 月相比上一年整体状况有所好转。2012 年 1—4 月 VTCI 低值范围较大，1 月依然相对比较严重，其余月份 VTCI 值保持在相对较高的状态，表明 2012 年雨季后干旱程度有所减缓。图 5.8 再次证明了可以用 VCTI 反映干旱的发展过程。

5.3.2　VCTI 在空间上的变化趋势

从土壤墒情的空间分布来看，VTCI 高值区域一直都在滇西北地区，低值区域基本在滇中、滇东南、滇西南地区，并随着时间变化而变化。尤其在 1—7 月，以上地区出现 VTCI 低值的频率高，而且范围广。1 月 VTCI 值相对最低，滇西南、滇中、滇东南地区都属于低值区域，滇西北地区的 VTCI 值依旧保持在相对较高的状态。2—4 月 VTCI 值相对 1 月有所回升，5 年中基本保持着同样的水平，滇西南地区的 VTCI 值相对较低。5 月 VTCI 值相对之前有所变化，低值区域向东北方向转移，因此滇东地区的 VTCI 值相对较低，而滇西南地区相对之前有所好转。6—7 月 VTCI 值相对 5 月变化不大，滇西地区相对较高，滇东地区相对较低。8—9 月可能受雨季的影响，VTCI 值整体达到了全年最高的水平，并依旧保持着滇西地区相对较高，滇东地区相对较低的状态，2011 年的 8—9 月更是出现了 5 年中 TVCI 值整体最高的现象。10—12 月 VTCI 值整体回落，滇东南地区出现低值的频率较高，滇西南地区次之。

5.4　基于多源遥感模型融合后土壤墒情的有效性检验

按照 3.3 节中所描述的 MODIS 反演的土壤墒情数据与 CCI SM 微波土壤数据的融合算法，生成了融合后的土壤墒情结果。图 5.9 展示了原始 CCI SM 与降尺度后的 SM，对比可以发现，降尺度后的 SM 像元尺寸缩小，从而展现了更多的空间细节。举个例子，将图 5.9（a）中红色方框中的区域放大，能明显看出降尺度后的 $SM_{LST/NEVI}$ 较原始 CCI SM 更能展现空间上的变化，它更符合实际地表覆盖的空间描述，在森林区域显示了更高的 SM 值，而在耕地区域显示了较低的 SM 值。这可能是由于耕地在 11 月时没有生长的农作物。融合后的 SM 能更加有效地表现地表的实际状况。

此外，本书研究也发现总体上微波反演的土壤湿度产品的精度显著高于可见光和红外波段产品的模拟精度，微波和可见光融合后的产品其空间分辨率和精度均能满足土壤墒情监测的需要。从不同微波反演的土壤墒情数据看，CCI SM 对站点的模拟精度最高，但由于其为多个微波遥感产品的集成结果，导致其更新周期相对较长，而 SCAT 和 ERA‐interim 的精度也比较高，而且是日尺度的，这表明可以把这些数据都集成到系统里，从而提高反演的精度和空间分辨率。

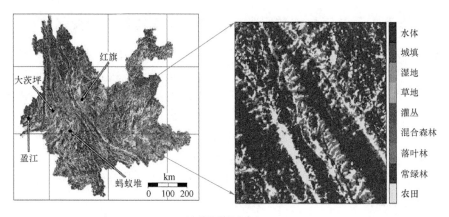

(a) 植被覆盖分布

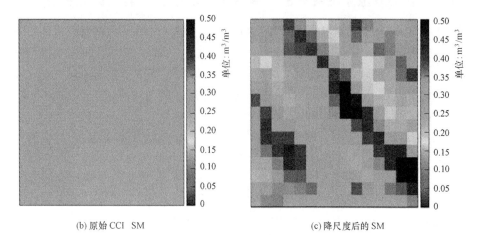

(b) 原始 CCI　SM　　　　　　　　(c) 降尺度后的 SM

图 5.9　云南省植被覆盖分布、原始 CCI SM 和降尺度后的 SM

（Peng 等，2015）

5.5　基于多源遥感数据的云南省土壤墒情时空特征分析

通过 2008—2012 年各月的 CCI SM 空间分布图和融合后的 SM 分布图（图 5.10）可以看出，融合后的 SM 与原始 CCI SM 在整体上保持一致，但融合后的 SM 像元尺寸变小，在研究区内部展示了更加细致的纹理，相比于原始 CCI SM 展示了更多的细节。如 2008 年 4 月，融合后的 SM 在滇中区域有数个红色图斑，表示这些区域有较高的土壤墒情，但在原始 CCI SM 中，除滇东北地区土壤湿度相对较高外，其余区域都是蓝色，表示着较低的土壤墒情。

5.5.1　基于多源遥感数据的云南省土壤墒情在时间上的变化特征

从时间序列来看，在 2008—2012 年间云南省土壤墒情较低的月份主要出现在 1—4 月、11 月和 12 月，其中 1—3 月土壤墒情低值范围较广、程度较深，5—10 月土壤墒情相对较高，7—8 月土壤墒情达到全年最高水平。土壤墒情的年内变化呈现先降低后升高再降低的趋势，其中 2008—2012 年土壤墒情变化基本一致，1—3 月土壤墒情整体最低，4—5 月土壤墒情逐渐增长，7—8 月土壤墒情整体最高，9—12 月土壤墒情整体降低。不同年份土壤墒情高低不一，整体上呈现出冬低夏高的规律。其中，2009 年土壤墒情较其他年份明显偏低，出现了云南省近年来最为严重的干旱灾害。

5.5.2　基于多源遥感数据的云南省土壤墒情在空间上的变化特征

从 2008—2012 年融合前的 CCI SM（空间分辨率 25km）和融合后的土壤墒情（空间分辨率 5km）的空间分布（图 5.10）来看，融合后的土壤墒情显著提高了云南全省土壤墒情的细节特征，融合后的土壤墒情数据能够更好地反映干旱的发生发展过程。从空间上看，滇西北地区的土壤墒情一直相对最低，滇东北地区的土壤墒情相对较高，其余地区的土壤墒情随着时间变化而变化。1—3 月的土壤墒情基本处于全年最低水平，尤其是滇西北地区的土壤墒情接近于零，滇东北地区的土壤墒情相对较高，其余地区整体较低，而在发生严重干旱灾害的 2010 年，该年 1—3 月的土壤墒情相对其他年份同期明显偏低。4—5 月的土壤墒情相对于之前整体有所增长，滇西、滇南、滇中地区增长最为明显。6—9 月是一年中土壤墒情整体相对最高的时期，滇西北、滇中地区的土壤墒情相对较高，滇西北、滇西地区的土壤墒情相对较低。10 月全省的土壤墒情整体有所回落，滇西、滇南、滇东南地区的土壤墒情明显降低，到了 11 月，滇西北地区是土壤墒情最低的地方，几乎接近于零，而且 2009 年 11 月，滇中、滇东南地区的土壤墒情较其他年份同期偏低。12 月滇西北地区依旧是土壤墒情最低的地方，滇西、滇南地区的土壤墒情也明显降低。

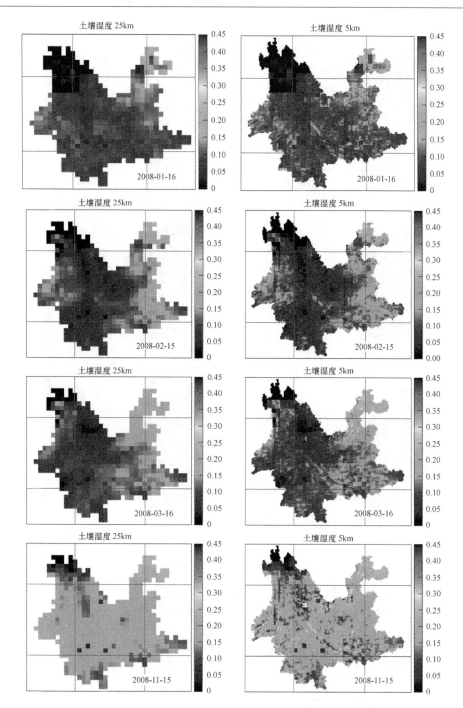

图 5.10（一）　2008—2012 年 1—3 月、11 月、12 月云南省原始 CCI SM 与
融合后的 SM 的空间分布对比（单位：m³/m³）

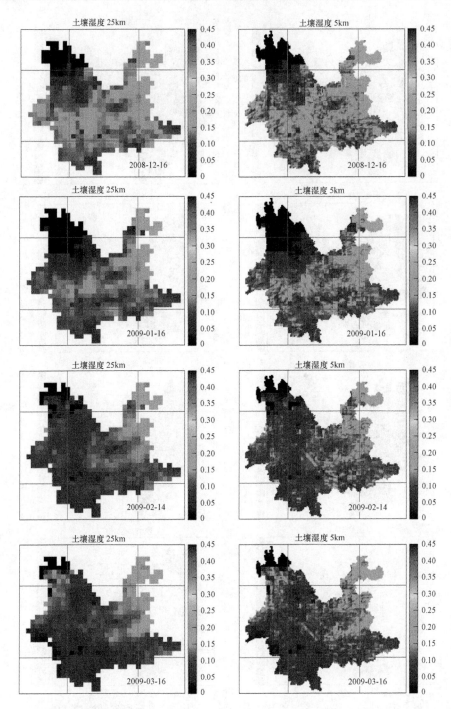

图 5.10（二）　2008—2012 年 1—3 月、11 月、12 月云南省原始 CCI SM 与
融合后的 SM 的空间分布对比（单位：m³/m³）

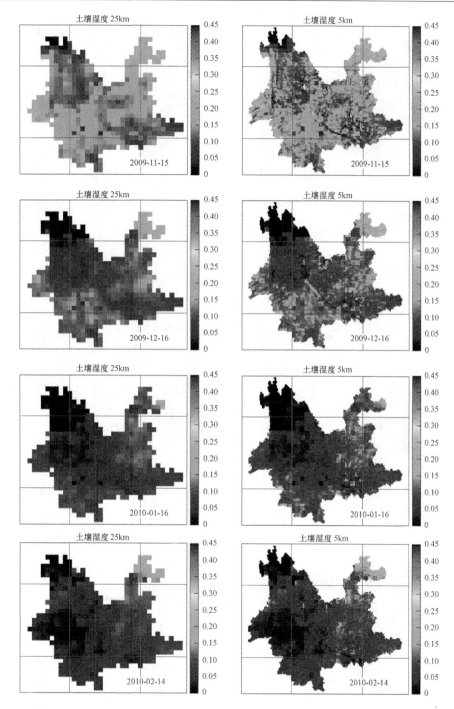

图 5.10（三）　2008—2012 年 1—3 月、11 月、12 月云南省原始 CCI SM 与
融合后的 SM 的空间分布对比（单位：m³/m³）

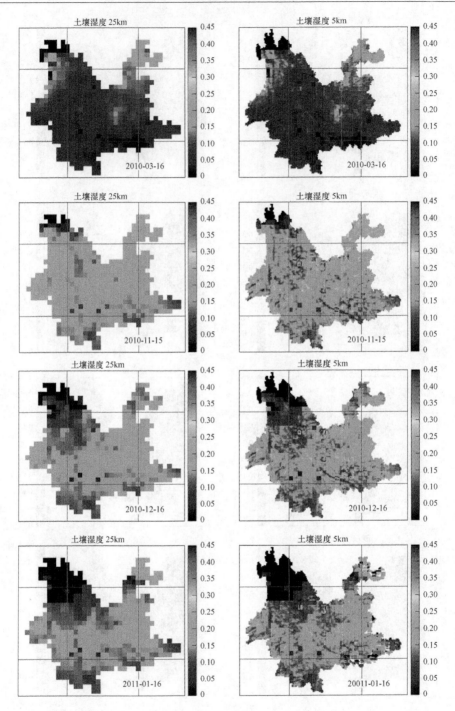

图 5.10（四）　2008—2012 年 1—3 月、11 月、12 月云南省原始 CCI SM 与
融合后的 SM 的空间分布对比（单位：m³/m³）

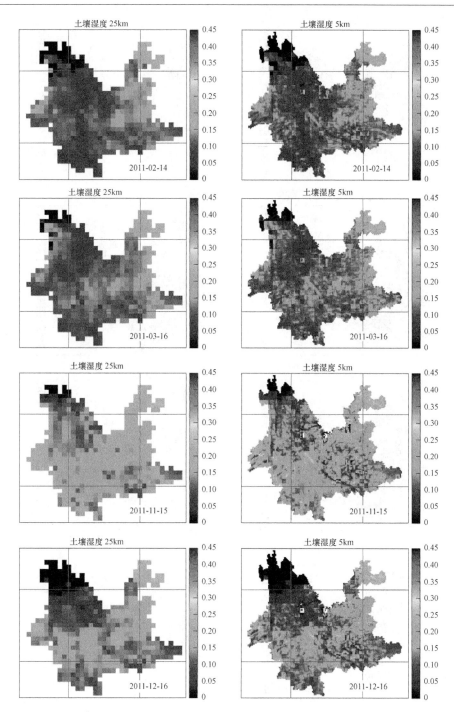

图 5.10（五）　2008—2012 年 1—3 月、11 月、12 月云南省原始 CCI SM 与
融合后的 SM 的空间分布对比（单位：m³/m³）

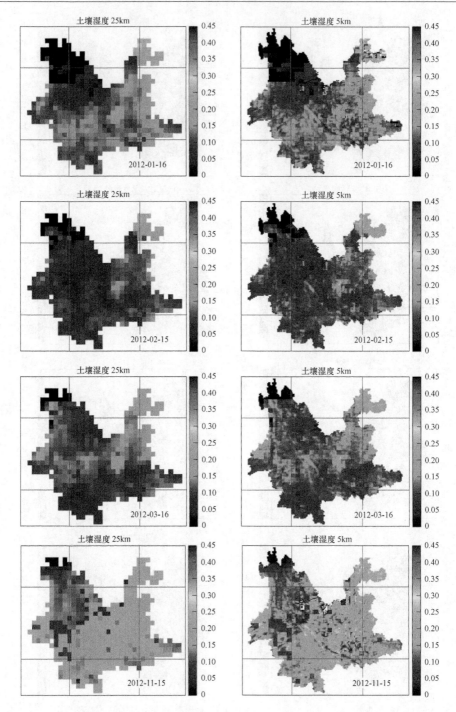

图 5.10（六） 2008—2012 年 1—3 月、11 月、12 月云南省原始 CCI SM 与
融合后的 SM 的空间分布对比（单位：m³/m³）

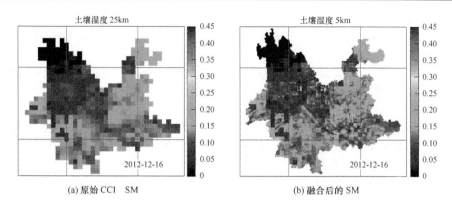

(a) 原始 CCI SM　　　　　　　　　　(b) 融合后的 SM

图 5.10（七）　2008—2012 年 1—3 月、11 月、12 月云南省原始 CCI SM 与
融合后的 SM 的空间分布对比（单位：m³/m³）

5.6　小结

　　近 50 年来云南省降雨量和蒸发量整体均呈减少趋势，且降雨量呈现出从西向东减少越来越显著的趋势，蒸发量则整体上呈现出从西南向东北减少的趋势。

　　从 2008—2012 年这 5 年 VTCI 的时空变化看，2008 年 1 月、4 月、6 月、8 月 VTCI 值普遍较低且范围较大，而 2009 年除 1 月、6 月外，其他月份呈现连续性干旱，10—12 月 VTCI 值相对上一年明显减少，发生了云南省近年来最为严重的干旱灾害。2010 年上半年 VTCI 值依旧保持大面积较低的状态，直到 8—9 月 VTCI 值才整体相对有所增加，但进入冬季后又有所回落，基本与上一年同期持平。2011 年 1—7 月 VTCI 值也整体偏低，8—9 月整体回升，10—12 月相比上一年整体状况有所好转。2012 年 1—4 月 VTCI 低值范围较大，1 月依然相对比较严重，其余月份 VTCI 值保持在相对较高的状态，表明 2012 年雨季后干旱程度有所减缓。这表明通过 VTCI 能够很好地监测干旱的发生过程。

　　通过将效果较好的微波反演土壤湿度产品 CCI SM 与 MODIS 反演的土壤湿度融合，发现融合后的产品显著提高了土壤湿度空间细节的反映程度。从融合后土壤湿度的时间变化看，融合后土壤湿度的变化同样能够很好地反映土壤干旱的发生发展过程。

参 考 文 献

[1]　顾世祥，张玉蓉，谢波，等．云南省用水定的标准制定研究［J］．节水灌溉，2012，

11：49 - 50.

[2]　王杰，曹言，张鹏，等．云南省土壤墒情变化特征分析 [J]．节水灌溉，2016，5：97 - 101.

[3]　鲍艳松，严婧，闵锦忠，等．基于温度植被干旱指数的江苏淮北地区农业旱情监测 [J]．农业工程学报，2014，30 (7)：163 - 172.

[4]　易佳，杨世琦，田永中，等．基于温度植被特征空间的夏季重庆土壤干湿状况与土壤利用关系研究 [J]．中国农学通报，2010，26 (22)：183 - 189.

[5]　张喆，丁建丽，鄢雪英，等．基于温度植被干旱指数的土库曼斯坦典型绿洲干旱遥感监测 [J]．生态学杂志，2013，32 (8)：2172 - 2178.

第6章 基于多源数据的
云南省干旱分析

6.1 基于极端气候指标的云南省干旱评价

根据 1964—2013 年云南省 128 个气象站点逐日的降雨、日最高气温和最低气温数据，在对数据进行检验处理后，利用 RClimdex 软件计算出极端气候指数最多连续无雨日天数（CDD）、最多连续雨日天数（CWD）、普通日降雨强度（SDII）和强降雨日数（R10），分别分析其时空变化规律。

6.1.1 极端气候指数

基于 RClimDex1.0 软件分别计算云南省 128 个气象站点 4 种气候极端指数，并采用线性趋势分析法对云南省各区域的 CDD、CWD、SDII 和 R10 进行趋势分析（游庆龙，2009；王素萍，2010；杨艳娟，2011），各指数具体定义见表 6.1（王莺，2014；王冀，2012；刘琳，2014；杨方兴，2012）。

表 6.1　　　　　　　　　　极端气候指数的定义

指　数	解　释	单　位
CDD	日降水量小于 1mm 的最长连续日数	d
CWD	日降水量不小于 1mm 的最大持续日数	d
SDII	降水量不小于 1mm 的总量与日数之比	mm/d
R10	每年日降水量不小于 10mm 的总日数	d

6.1.2 最大连续无雨日与最大连续雨日的时空变化

6.1.2.1 最大连续无雨日

1. 最大连续无雨日时间上的变化趋势

根据各气象站点的 CDD 数据，统计云南省不同区域 1964—2013 年的 CDD，并分析其变化趋势，具体如图 6.1 所示。

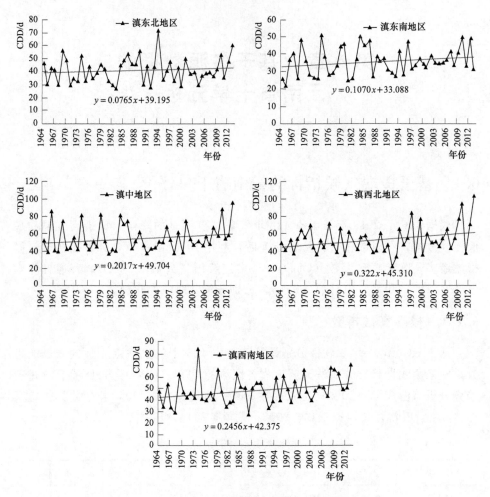

图 6.1 1964—2013 年云南省各区域 CDD 的变化趋势

从图 6.1 可以看出，近 50 年云南省各区域 CDD 整体上均呈波动上升趋势，滇东北、滇东南、滇中、滇西北和滇西南地区 CDD 上升速率分别为 0.77d/10a、1.07d/10a、2.02d/10a、3.22d/10a 和 2.56d/10a，其中滇西北地区 CDD 上升速率最快，滇东北地区最慢。

2. 最大连续无雨日空间上的变化趋势

从云南省多年平均 CDD 的空间分布（图 6.2）可以看出，云南省各区域持续干期日数的空间分布具有明显地域差异性，整体上呈现出西北多，东南少的趋势。滇中地区 CDD 主要在 27～146d 之间，其中华坪、元谋、姚安、永仁、宾川和武定等站 CDD 均较长，均在 113d 以上，华坪站 CDD 最长，长达 146d，最短的石屏站为 27d；滇西北地区 CDD 主要在 39～111d 之间，其中

CDD 最长的宁蒗站达到 111d，最短的贡山站为 39d；滇西南地区 CDD 主要在 18～96.5d 之间，其中 CDD 最长的峨山站达到 96.5d，最短的金平站仅为 18d；滇东南地区 CDD 主要在 18～42.5d 之间，其中 CDD 最长的广南站达到 42.5d，最短的屏边和砚山站均为 18d；滇东北地区 CDD 主要在 13.5～116.5d 之间，其中 CDD 最长的永善站达到 116.5d，最短的威信站 CDD 仅为 13.5d。

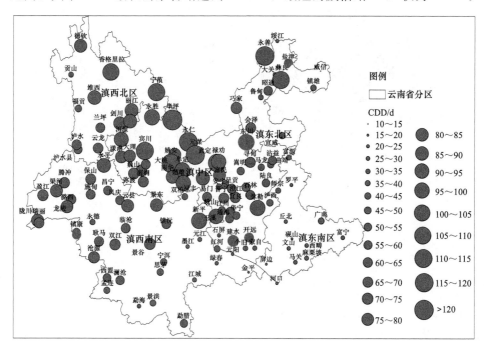

图 6.2　云南省多年平均 CDD 的空间分布示意图

　　从云南省 CDD 的空间变化趋势（图 6.3）来看，全省 CDD 基本上均呈增加趋势，且增加趋势西北部较东南部显著，仅在永善、澄江、墨江、香格里拉、景谷、洱源等 12 个站点出现减少的趋势，但减少的速率较小。其中，滇东北地区的永善站 CDD 减少趋势最为明显，达到 −3.02d/10a，镇雄站增加趋势最为明显，达到 2.85d/10a；滇东南地区 CDD 倾向率主要在 −0.11～3.42d/10a 之间，富源站 CDD 倾向率最大且呈上升趋势，丘北站最小且呈减少趋势；滇中地区 CDD 倾向率主要在 −1.98～5.65d/10a 之间，姚安站 CDD 呈上升趋势，且上升速率最大，澄江站呈减少趋势，且减少速率最小；滇西南地区 CDD 倾向率呈西北大东南小的态势，瑞丽站 CDD 呈上升趋势，且上升速率最大，达到 6.63d/10a，墨江站 CDD 呈减少趋势，且减少速率最小，仅为 −1.13d/10a；滇西北地区 CDD 倾向率表现出东南大，西北小的态势，其中香格里拉站 CDD 倾向率最小且为负值，CDD 速率为 −1.04d/10a，剑川站 CDD

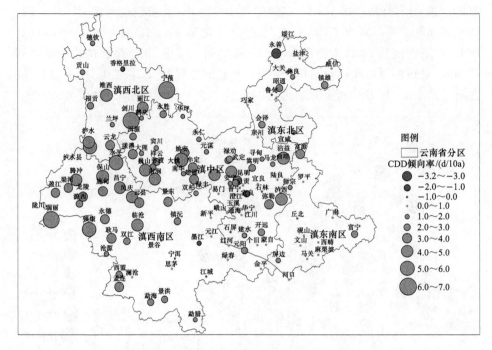

图 6.3　云南省 CDD 的空间变化趋势示意图

倾向率最大且为正值，CDD 增加速率达到 6.8d/10a。

6.1.2.2　最大连续雨日

1. 最大连续雨日时间上的变化趋势

根据各气象站点的 CWD 数据，统计云南省不同区域 1964—2013 年的 CWD，并分析其变化趋势，具体如图 6.4 所示。

从图 6.4 可以看出，近 50 年云南省各区域 CWD 整体上均呈波动下降趋势，滇东北、滇东南、滇中、滇西北和滇西南地区 CWD 变化速率分别为 -0.23d/10a、-0.35d/10a、-0.35d/10a、-0.19d/10a 和 -0.47d/10a，其中滇西南地区 CWD 下降速率最快，滇西北地区最慢。

2. 最大连续雨日空间上的变化趋势

从云南省多年平均 CWD 的空间分布（图 6.5）可以看出，云南省各区域 CWD 的高值区主要集中在西南部，中东部偏小。滇中地区 CWD 主要在 4.5～9d 之间，CWD 最长的是鹤庆站，最短是江川站；滇西北地区 CWD 主要在 5.5～17.5d 之间，其中 CWD 最长的是贡山站，最短的是德钦站；滇西南地区 CWD 主要在 4.5～25.5d 之间，其中 CWD 最长的是腾冲站，最短的是元江站；滇东南地区 CWD 主要在 6.5～11d 之间，其中 CWD 最长的是马关站，最短的是富宁站和广南站；滇东北地区 CWD 主要在 5.5～8d 之间，其中 CWD

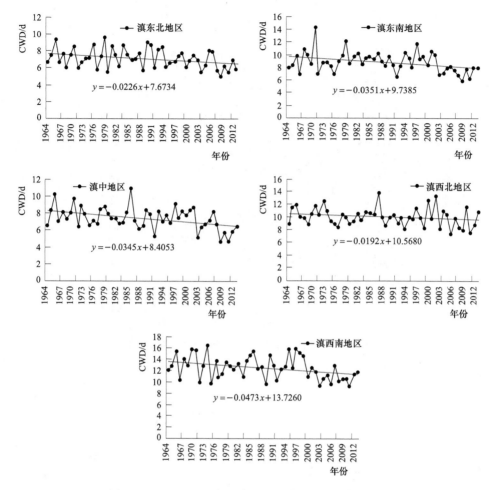

图 6.4 1964—2013 年云南省各区域 CWD 的变化趋势

最长的是昭通站，最短的是会泽站、巧家站和永善站。

从云南省 CWD 的空间变化趋势（图 6.6）来看，CWD 整体呈减少趋势，且西南地区减少趋势最为显著，仅在泸水、梁河、峨山、孟连、澄江、勐腊、威信、宝山、永平和澜沧 10 个站点 CWD 出现增加的趋势，但增加的速率较小，增加趋势最显著的为泸水站，其增加速率为 1.13d/10a。滇西南地区 CWD 减少趋势最为明显，其 CWD 倾向率主要在 −1.37～0.238d/10a 之间，其中西盟站 CWD 倾向率最小，且为减少趋势，峨山站 CWD 倾向率最大，且为增加趋势；滇西北地区 CWD 倾向率主要在 −0.61～1.13d/10a 之间，其中泸水站 CWD 倾向率最大，且呈增加趋势，丽江站 CWD 倾向率最小，且呈减少趋势；滇中地区 CWD 倾向率由中部向四周呈增加趋势，CWD 倾向率主要

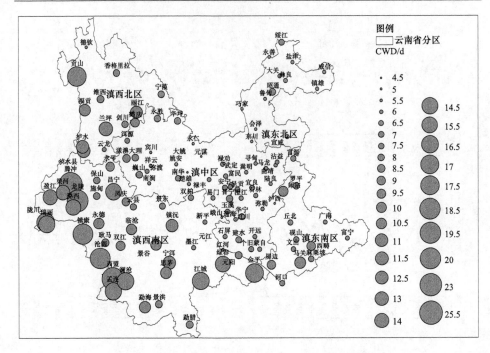

图 6.5 云南省多年平均 CWD 的空间分布示意图

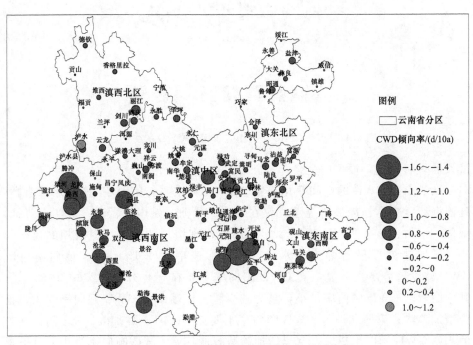

图 6.6 云南省 CWD 的空间变化趋势示意图

在−0.81～0.7d/10a 之间，其中澄江站 CWD 倾向率最大，且呈增加趋势，个旧站 CWD 倾向率最小，且呈减少趋势；滇东南地区 CWD 倾向率呈由东南向西北增加趋势，CWD 倾向率主要在−0.05～0.7d/10a 之间，其中麻栗坡站 CWD 倾向率最大，且呈增加趋势，广南站 CWD 倾向率最小，且呈减少趋势；滇东北地区 CWD 倾向率呈中部低四周高的趋势，其 CWD 倾向率主要在−0.52～0.067d/10a 之间，其中威信站 CWD 倾向率最大，且呈增加趋势，昭通站 CWD 倾向率最小，且呈减少趋势。

6.1.3 日降雨强度、强降雨日数和暴雨事件

6.1.3.1 降雨强度

1. 日降雨强度时间上的变化趋势

根据各气象站点的 SDII 数据，统计云南省不同区域 1964—2013 年的 SDII，并分析其变化趋势。从 1964—2013 年云南省各区域 SDII 的变化趋势（图 6.7）可以看出，近 50 年 SDII 呈整体减小趋势，其中滇东北、滇东南、滇中和滇西北地区 SDII 减小速率分别为−0.18mm/d、−0.15mm/d、−0.09mm/d、−0.24mm/d，而滇西南地区 SDII 呈增大趋势，其增大速率为 0.08mm/d。

2. 降雨强度空间上的变化趋势

从云南省多年平均 SDII 的空间分布（图 6.8）可以看出，SDII 高值区主要分布在滇西南地区西南部，低值区主要分布在云南省中部。滇西南地区 SDII 主要在 8.05～16.6mm/d 之间，其最小值和最大值分别出现在西北部的保山站和西南部的江城站；滇西北地区 SDII 主要在 8.05～12.55mm/d 之间，其最小值出现在云龙站，最大值出现在维西站；滇中地区 SDII 主要在 8.35～13.5mm/d 之间，其最小值出现在巍山站，最大值出现在华坪站；滇东南地区 SDII 主要在 9.4～13.45mm/d 之间，中部的丘北站 SDII 最小，北部的罗平站 SDII 最大；滇东北地区 SDII 主要在 7.9～10.4mm/d 之间，东部的镇雄站 SDII 最小，北部的绥江站 SDII 最大。

从云南省 SDII 的空间变化趋势（图 6.9）来看，全省大部分地区 SDII 呈增大趋势，但增大速率较小，而在东北部、西北部以及西南小部分地区 SDII 呈现减小趋势，且减小速率较大。滇西南大部分地区 SDII 呈增大趋势，其中西盟、孟连、红河、元江等 8 个站点 SDII 呈减小趋势，占该区域总站点的 1/5，西盟站 SDII 倾向率最小，倾向率为−1.01mm/d，腾冲站 SDII 倾向率最大，增大速率为 0.37mm/d；滇西北地区 SDII 倾向率呈现由西北向东南变大的趋势，西北部呈减小趋势，东南部则呈增大趋势，SDII 倾向率主要在

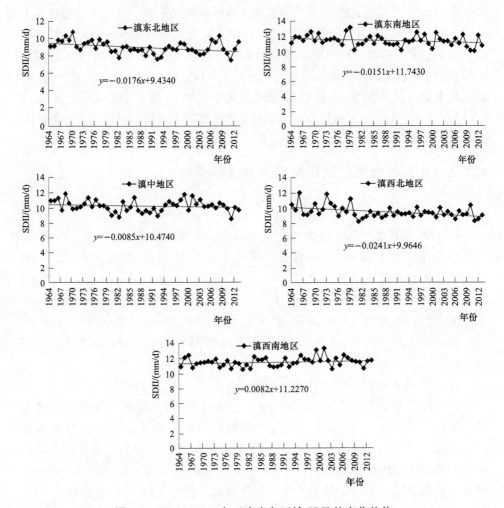

图 6.7 1964—2013 年云南省各区域 SDII 的变化趋势

−0.98（德钦站）～0.3（泸水站）mm/d 之间；滇中地区各站点 SDII 倾向率
变化不一，西部和南部 SDII 呈增大趋势，中部和东部 SDII 呈减小趋势，位于
中部的昆明站 SDII 倾向率最低，减小速率为 −0.61mm/d；西部的南涧站
SDII 倾向率最高，增大速率为 0.25mm/d；滇东南地区 SDII 倾向率表现出从
西北向东南逐渐增大的趋势，西北部的罗平、师宗、丘北站均呈减小趋势，且
师宗站 SDII 倾向率最低，减小速率为 −0.62mm/d，东南部的马关站 SDII 倾
向率最大，增大速率为 0.11mm/d；滇东北地区 SDII 表现出北部为增大趋势，
南部为减小趋势，其中镇雄站减小趋势最为明显，减小速率为 −0.46mm/d，
永善站增大趋势最为明显，增大速率为 0.08mm/d。

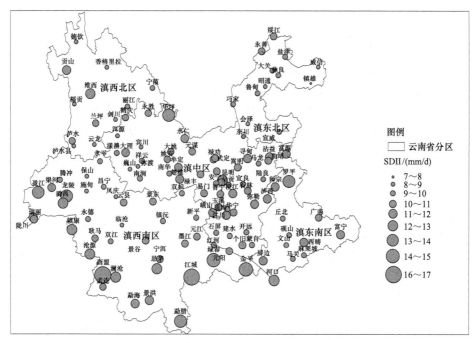

图 6.8　云南省多年平均 SDII 的空间分布示意图

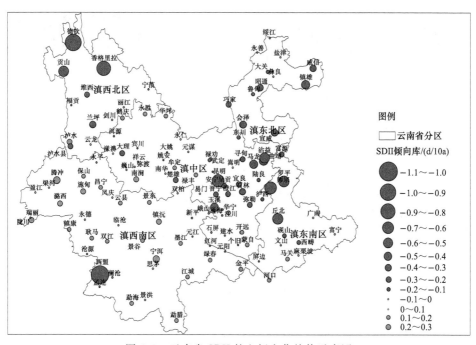

图 6.9　云南省 SDII 的空间变化趋势示意图

6.1.3.2 强降雨日数

1. 强降雨日数时间上的变化趋势

根据各气象站点的 R10 数据，统计云南省不同区域 1964—2013 年的 R10，并分析其变化趋势。从 1964—2013 年云南省各区域 R10 的变化趋势（图 6.10）可以看出，近 50 年 R10 整体呈减少趋势，滇东北、滇东南、滇中、滇西北和滇西南地区 R10 减少速率分别为 −1.21d/10a、−1.43d/10a、−0.91d/10a、−0.14d/10a 和 −0.81d/10a，其中滇东南地区 R10 减少趋势最为显著，滇西北地区 R10 减少趋势相对较小。

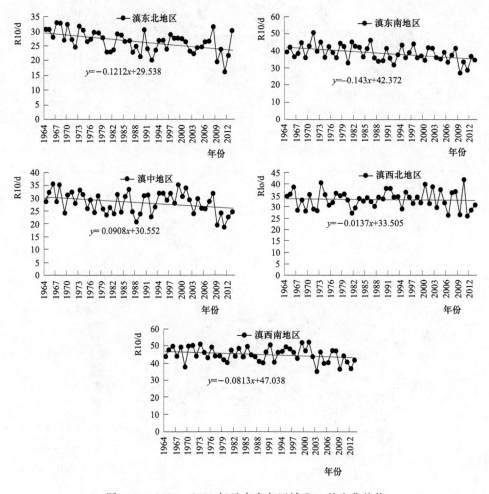

图 6.10 1964—2013 年云南省各区域 R10 的变化趋势

2. 强降雨日数空间上的变化趋势

从云南省多年平均 R10 的空间分布（图 6.11）可以看出，滇西北地区西部、滇西南地区西南部、滇东南地区南部 R10 较长，滇中地区 R10 较短。相对其他地区，滇西南地区 R10 较长，R10 主要在 18.5（元江站）~75.5（金平站）d 之间；滇中地区相对其他地区来看，其 R10 较短，R10 主要在 17.5~37d 之间，西部的宾川和南涧站 R10 最短，南部的个旧站 R10 最长；滇西北地区 R10 主要在 21~50d 之间，其中德钦站 R10 最短，贡山站 R10 最长；滇东南地区 R10 主要在 29.5~50.5d 之间，其中丘北站 R10 最短，罗平站 R10 最长；滇东北地区 R10 呈现由南向北逐渐增加的趋势，R10 主要在 19~41d 之间，南部的会泽站 R10 最短，北部的盐津站 R10 最长。

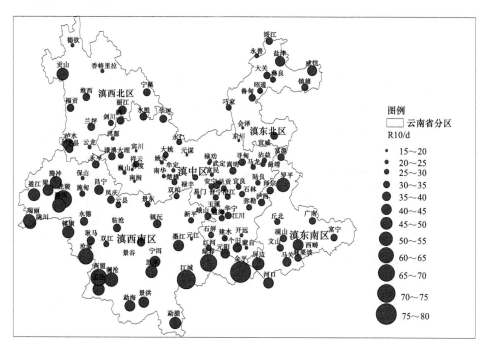

图 6.11 云南省多年平均 R10 的空间分布示意图

从云南省 R10 的空间变化趋势（图 6.12）来看，R10 整体呈现减少的趋势，其中滇中地区和滇东北地区东部、滇东南地区西北部减少趋势最显著，在滇西北、滇西南和滇中地区仅少数站点出现增加趋势，而滇东北和滇东南地区 R10 倾向率均呈负值，其中滇东北地区 R10 倾向率主要在 -2.88~-0.1d/10a 之间，东部的镇雄站 R10 减少趋势最明显，东北部的永善站 R10 减少趋势较小，而滇东南地区 R10 倾向率主要在 -3.2~-0.35d/10a 之间，其 R10 的减少趋势较滇东北地区明显，R10 整体表现出由南向北减少速率越来越大的趋势，北部的罗平站 R10 减少趋势最明显，南部的麻栗坡站 R10 减少趋势最不明显；滇西南地区仅在施甸、腾冲和宁洱站 R10 呈增加趋势，其余 37 个站点均呈减少趋势，R10 倾向率主要在 −6.48～0.58d/10a 之间，西盟站 R10 减少趋势最明显，宁洱站 R10 增加趋势最明显；滇西北地区的贡山、香格里拉、维西、福贡和泸水站 R10 呈增加趋势，德钦、宁蒗、泸水县、兰坪、剑川、丽江和云龙站 R10 呈减少趋势，R10 倾向率主要在 −2.85～2.33d/10a 之间，泸水县站 R10 减少趋势最明显，泸水站 R10 增加趋势最明显；滇中地区仅南涧站 R10 呈增加趋势，其余站点 R10 均呈减少趋势，R10 大体上表现出由西向东减小速率越来越大的趋势，R10 变化倾向率主要在 −2.33～0.11d/10a 之间，东部的沾益站 R10 减少趋势最明显，西部的南涧站 R10 增加趋势最明显。

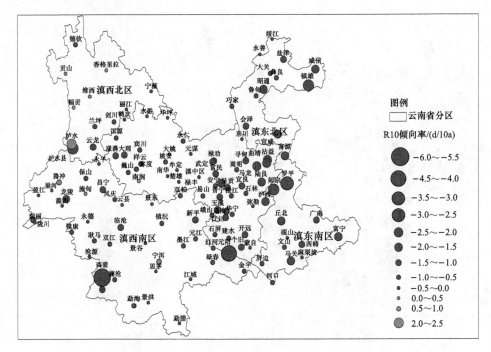

图 6.12　云南省 R10 的空间变化趋势示意图

6.2　基于 TRMM 的云南省干旱评价

传统的干旱监测往往是通过设置气象站点进行人工监测，其对降水的监测具有较高的精确性，但需要耗费大量的人力、财力和物力，加之区域降水时空分布极不均匀，气象站点又十分有限，因此无法对区域干旱进行快速和大范围的监测。TRMM 卫星是由美国国家宇航局和日本国家空间发展局共同研制的，其空间覆盖面广，降水数据在时间和空间上较为连续，可以补充气象站点稀少地区的降水数据（季漩，2013；李景刚，2011）。目前主要用于区域降水的空间结构以及季节变化等研究。因此，结合地面站点观测数据和卫星遥感数据对云南省旱情进行动态监测，对云南省干旱监测具有一定的实用价值。

6.2.1　降水距平百分率

降水距平百分率能直观反映降水异常引起的干旱，是表征某时段降水量较常年同期值偏多或偏少的重要指标之一，同时也是我国气象干旱评估的主要参数之一（韩海涛，2009；臧文斌，2010）。

某时段降水距平百分率（P_a）计算公式为

$$P_a = P_i - P/P' \times 100\%　\qquad (6.1)$$

某时段多年同期平均降水量 P' 计算公式为

$$P' = \frac{1}{n} \sum_{i=1}^{n} P_i　\qquad (6.2)$$

式中：P_i 为某时段降水量；P' 为某时段多年同期平均降水量；n 为时段，取 30 年。

根据水利行业标准的旱情等级标准对降水距平百分率 P_a 与干旱等级关系进行了定义（表 6.2），进而分析云南省不同等级旱情的发生情况。

表 6.2　　　　　　　　　　　　　降水距平百分率旱情等级表

等　级	类　型	降水距平百分率/%		
		月尺度	季尺度	年尺度
1	无旱	$P_a > -40$	$P_a > -25$	$P_a > -15$
2	轻旱	$-60 < P_a \leqslant -40$	$-50 < P_a \leqslant -25$	$-30 < P_a \leqslant -15$
3	中旱	$-80 < P_a \leqslant -60$	$-70 < P_a \leqslant -50$	$-40 < P_a \leqslant -30$
4	重旱	$-95 < P_a \leqslant -80$	$-80 < P_a \leqslant -70$	$-45 < P_a \leqslant -40$
5	特旱	$P_a \leqslant -95$	$P_a \leqslant -80$	$P_a \leqslant -45$

6.2.2　TRMM 数据的有效性分析

以 1998—2008 年云南省 29 个气象站点的月降水观测数据为自变量，与其对应的 TRMM 各格点内的月降水数据为因变量，分别在年、季、月尺度上，构建一元线性回归方程，对 TRMM 3B43 数据质量进行检验。通过查看各尺度下的相关系数，进而比较 TRMM 降水数据的有效性（图 6.13）。

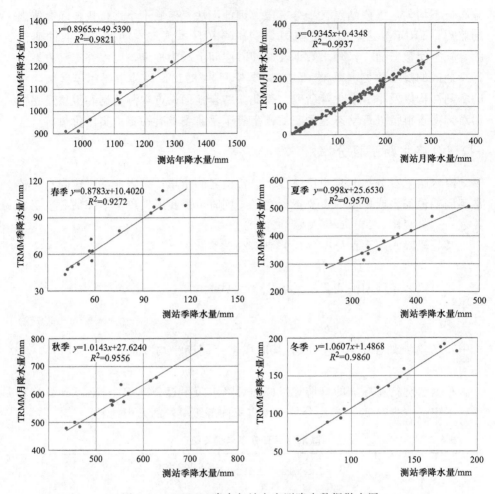

图 6.13　TRMM 降水与站点实测降水数据散点图

通过 TRMM 降水与站点实测降水数据散点图和线性回归方程（图 6.13）可以看出，TRMM 降水与站点实测降水数据存在显著相关性，其中月尺度上的相关系数达到 0.99 以上，季尺度上的相关系数达到 0.92 以上，年尺度上的相关系数达到 0.98 以上。这说明在宏观性区域中，TRMM 降水数据在干旱监测方面具有较好的可靠度，能够弥补宏观方面干旱监测的不足。

6.2.3　TRMM 数据的干旱监测分析

6.2.3.1　基于 TRMM 的年尺度干旱时空分布特征

通过 2008—2012 年的 TRMM 降水数据计算年降水距平百分率，从表 6.3 可以看出，总体上 2008—2012 年云南省全年无重旱和特旱，2008 年、2010 年和 2012 年全年旱情较轻，其中 2008 年云南省无旱情；2009 年和 2011 年全年旱情相对较为严重，旱情以轻旱和中旱为主，其中 2011 年旱情最为严重，中旱面积占全省总面积的 8.14%，轻旱占 27.45%。从空间分布上看，旱区主要分布在滇中、滇西南和滇东北地区。

表 6.3 2008—2012 年云南省旱情分布情况

旱情	2008 年	2009 年	2010 年	2011 年	2012 年
无旱	100%	85.48%	99.90%	64.41%	98.31%
轻旱	—	14.52%	0.10%	27.45%	1.69%
中旱	—	—	—	8.14%	—
重旱	—	—	—	—	—
特旱	—	—	—	—	—

6.2.3.2 基于 TRMM 的季尺度干旱时空分布特征

通过 2008—2012 年的 TRMM 降水数据计算四季降水距平百分率，从图 6.14 可以看出，春季和冬季旱情易发生，且旱情重，夏季和秋季旱情少，且旱情轻。除 2008 年未出现旱情外，其余年份春冬两季均出现了不同程度的旱

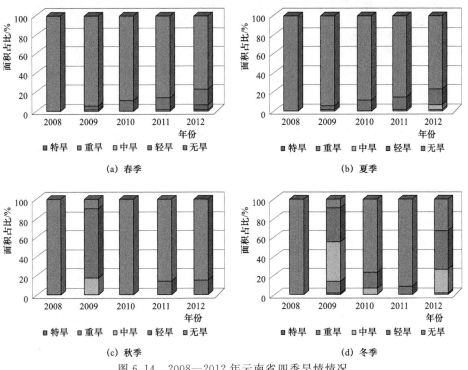

(a) 春季   (b) 夏季

(c) 秋季   (d) 冬季

图 6.14 2008—2012 年云南省四季旱情情况

情，春季以轻旱为主，冬季以轻旱和中旱为主，2012 年春季旱情较为严重，旱区面积占比达到 23.13%，其中重旱、中旱和轻旱面积占比分别为 1.61%、4.63%和 16.89%；2009 年和 2012 年冬季旱情最为严重，旱区面积占比分别达到 89.54%和 66.18%，其中 2009 年特旱、重旱、中旱和轻旱面积占比分别为 1.34%、12.79%、40.82%和 34.59%。夏季基本上无旱情，仅在 2011 年部分地区出现轻旱，旱区面积占比仅为 28.6%。秋季相对于夏季旱情较为严重，除 2008 年和 2010 年无旱情外，其余年份均出现了一定程度的旱情，其中 2009 年旱情相对较为严重，旱区面积占比达到 89.69%，其中旱和轻旱面积占比分别为 18.99%和 70.7%。

　　从干旱频发的春季和冬季来分析云南省旱情的空间分布特征，从图 6.15 可以看出，春季旱情主要分布在滇中、滇西北和滇东北地区，其中重旱主要分布在滇中地区；冬季旱情主要分布在滇中、滇西南和滇东北地区，其中特旱和重旱主要分布在滇中和滇西南地区。

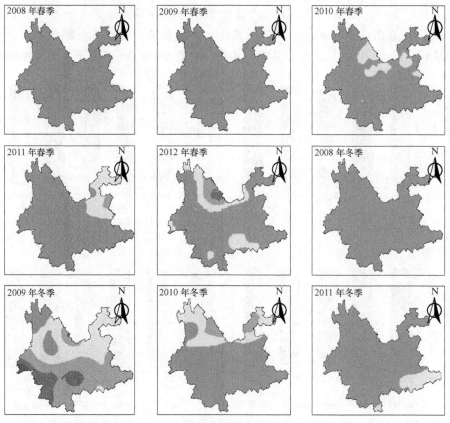

图 6.15（一）　春季和冬季旱情空间分布示意图

图 6.15（二）　春季和冬季旱情空间分布示意图

6.2.3.3　基于 TRMM 的月尺度干旱时空分布特征

根据 2008—2012 年各月降水距平百分率，查看干旱等级标准，分析月尺度下云南省不同旱情的时空分布特征。

从 2008—2012 年云南省各月干旱分布情况（图 6.16）可以看出，云南省旱情的出现受降水影响显著，2008 年干旱主要发生 3 月、4 月和 12 月，其中 12 月干旱面积最大且旱情最严重，中旱和轻旱面积占比分别为 4.79% 和

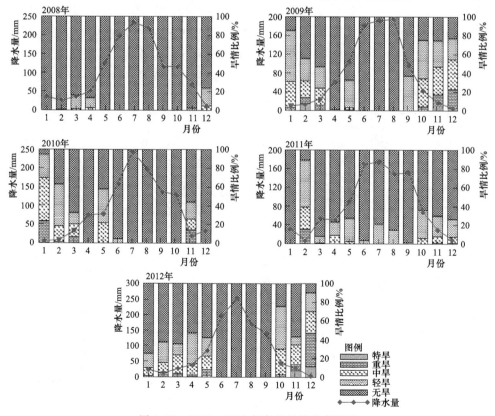

图 6.16　2008—2012 年各月旱情分布情况

18.91%；2009 年干旱主要发生在 1 月、2 月、3 月、5 月、10 月、11 月和 12 月，其中 1 月和 12 月干旱面积最大，2 月、11 月和 12 月旱情最为严重，重旱和特旱面积占比分别为 6.7%、14.63%、20.28% 和 7.43%、2.2%、2.34%；2010 年干旱主要发生在 1 月、2 月、3 月和 11 月，其中 1 月干旱面积最大且旱情最为严重，特旱、重旱和中旱面积占比分别为 1.06%、22.91% 和 45.65%；2011 年干旱主要发生在 2 月、11 月和 12 月，其中 2 月干旱面积最大且旱情最为严重，重旱、中旱和轻旱面积占比分别为 15.95%、23.57% 和 49.47%；2012 年除 6—9 月外，其余月份均发生不同程度的干旱，其中 12 月和 10 月旱区面积最大，12 月旱情最为严重，特旱、重旱和中旱面积占比分别为 11.59%、35.68% 和 22.55%。

　　总体来看，云南省干旱发生频次最多的月份主要集中在 1 月、2 月、11 月和 12 月，该月份内降雨最少，发生干旱面积最大且旱情最严重。其中，特旱主要出现在 11 月和 12 月，重旱主要出现在 2 月和 11 月，中旱主要发生在 2 月和 12 月，轻旱主要发生在 2 月，而在降水最多的 6—9 月干旱出现次数较少。

　　从干旱频发的 1 月、2 月、11 月和 12 月分析云南省旱情空间分布特征，干旱主要出现在滇中和滇西南地区，旱情不仅出现时间最早，且最严重。从图 6.17 可以看出，1 月干旱主要分布在滇中地区北部和滇西南地区，特旱和重旱主要出现在滇中地区东北部和滇西南地区东部；2 月干旱范围向东部和南部移

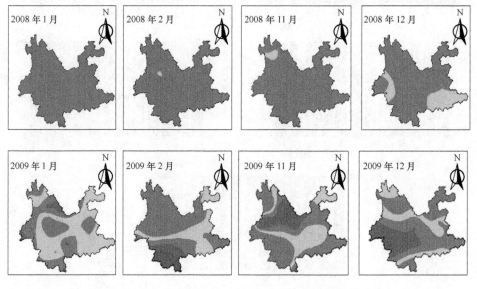

图 6.17（一）　2008—2012 年云南省不同等级旱情分布

（1 月、2 月、11 月、12 月）

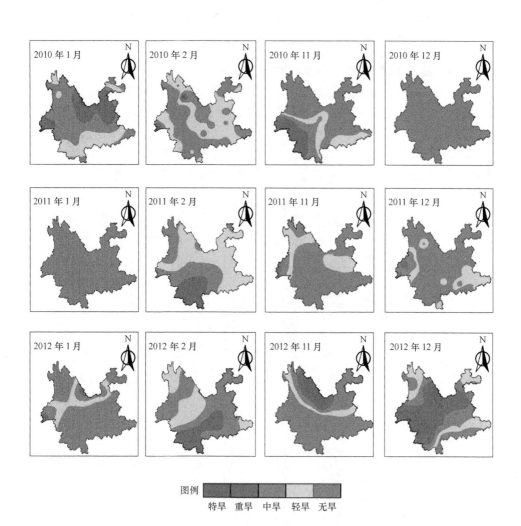

图例 特旱 重旱 中旱 轻旱 无旱

图 6.17（二）　2008—2012 年云南省不同等级旱情分布

（1 月、2 月、11 月、12 月）

动，主要分布在滇西南、滇中、滇东南和滇东北地区，特旱和重旱主要出现在滇西南地区南部和东部；11 月干旱主要分布在滇中、滇西南和滇西北地区，特旱和重旱主要出现在滇中地区东北部和滇西南地区东部；12 月干旱范围向东部和南部扩大，主要分布在滇西南、滇东南和滇中地区，特旱和重旱主要出现在滇西南地区东部。

综上所述，TRMM 降水距平百分率表明云南省旱情在时间和空间上分布不均匀，从 2009 年以后干旱事件频繁发生，旱区范围扩大，且旱情有加剧的趋势，其不仅与不同指数（如 SPI、SPEI、TVDI）研究下的云南省干旱时空分布特征基本上一致（段琪彩，2015；张雷，2015；王海，2014；李振，2014），也与云南省近几年的实际情况基本相符。

6.2.3.4 基于 TRMM 的干旱累积时空分布特征

干旱作为一个缓慢的累积过程，某月的干旱程度，不仅和当月的降水量有关，而且还与前期的降水量相关。本书分别计算 2008 年 10 月至 2009 年 1 月、2 月、3 月，2009 年 10 月至 2010 年 1 月、2 月、3 月，2010 年 10 月至 2011 年 1 月、2 月、3 月，2011 年 10 月至 2012 年 1 月、2 月、3 月 4 个时段不同月份之间的累积降水距平百分率，分析云南省干旱累积时空分布特征，其结果如图 6.18 所示。

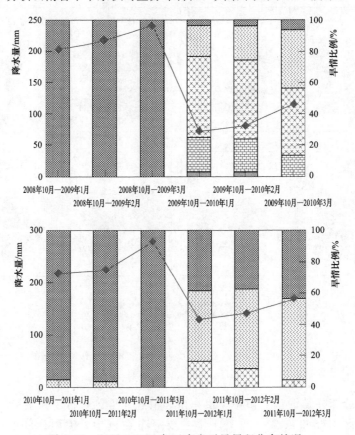

图 6.18　2008—2012 年云南省干旱累积分布情况

从 2008—2012 年云南省干旱累积分布情况（6.18）可以看出，干旱主要出现在 10 月至次年 1 月之间，其出现干旱面积较大，且旱情较严重。其中，2008 年 10 月至 2009 年 1 月、2 月、3 月期间并无旱情；2009 年 10 月至 2010 年 1 月、2 月、3 月期间干旱范围最广，旱情以中旱为主，2009 年 10 月至 2010 年 1 月期间干旱范围最广，旱区面积占比达到 96.4%，其中特旱、重旱

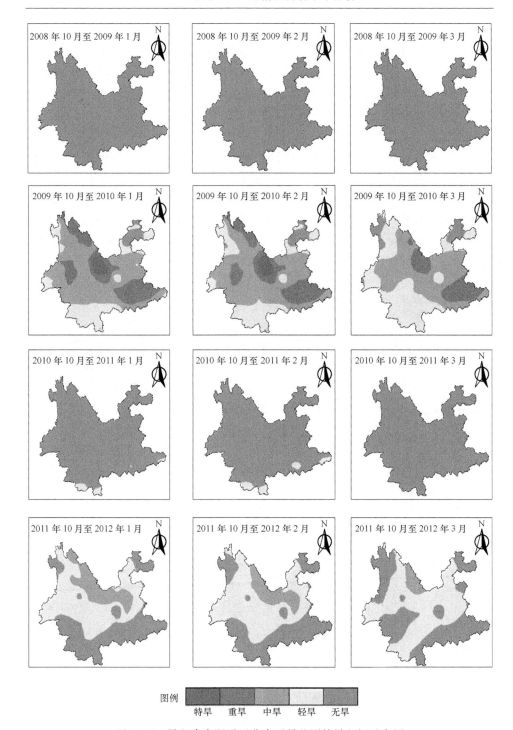

图 6.19 累积降水距平百分率干旱监测结果空间示意图

和中旱面积占比分别为 2.88%、22.31% 和 51.77%；2010 年 10 月至 2011 年 1 月、2 月、3 月期间仅部分地区出现轻旱；2011 年 10 月至 2012 年 1 月、2 月、3 月期间出现干旱范围较大，旱情以轻旱为主，2011 年 10 月至 2012 年 1 月期间干旱范围最广，旱区面积占比达到 61.88%，其中重旱、中旱和轻旱面积占比分别为 0.01%、16.3% 和 45.57%。

从图 6.19 中可以看出，2008 年 10 月至 2009 年 3 月期间云南省无旱情，2010 年 10 月至 2011 年 3 月期间，只是在滇西南和滇东南地区出现小面积轻旱，而全省其他地区均无旱情。2009 年 10 月至 2010 年 3 月期间仅滇东北和滇西南部分地区未出现旱情，其余大部分地区出现中旱、重旱和特旱，其中重旱地区主要分布在滇西北、滇西南、滇中以及滇东南地区，滇中地区旱情最为严重，出现了特旱。2011 年 10 月至 2012 年 3 月期间云南省大范围呈现轻旱，滇中和滇西北地区出现中旱，其中滇中地区最为严重。

6.3　基于土壤墒情的云南省干旱分析

旱灾对农作物的影响往往是从土壤墒情的异常偏少开始的，进而影响到农作物的长势及产量，可见研究土壤墒情的变化对农作物的生长具有重要的意义。本节利用云南省近 5 年土壤墒情资料摸清其时空变化特征，以为农业生产、作物布局、干旱预报以及农业决策等提供依据。

6.3.1　土壤墒情与降水的响应分析

6.3.1.1　土壤水分年际变化特征

选取 2008—2012 年桥头、沙坝、紫金、蚂蚁堆、荣峰和三棵树 6 个站点的土壤年平均含水量和逐年降水量，分析云南省土壤年平均含水量随时间变化的趋势。

由图 6.20 可以看出，各站点土壤含水量年际变化受地区降水影响显著，且基本上呈正相关性，即降水丰富的年份土壤含水量大，降水少的年份土壤含水量小。2009 年和 2011 年云南省降水量较往年偏少 24.7% 和 23%（云南省水利厅，2009；云南省水利厅，2011），除沙坝站外，其余各站点土壤年平均含水量最小值均出现在这两年，而各站点的土壤年平均含水量最大值均出现在降水量相对较多的 2008 年和 2010 年。

6.3.1.2　土壤水分季节变化特征

土壤水分的季节变化主要是由降水的季节变化、土壤质地以及地表植被覆盖情况影响的。选取三棵树站、紫金站、桥头站、荣峰站、沙坝站、东风站、

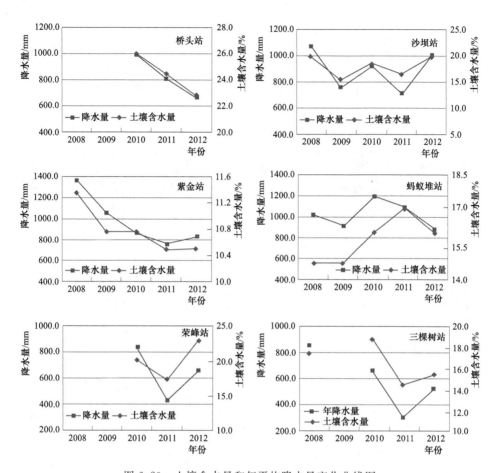

图 6.20 土壤含水量和年平均降水量变化曲线图

大茨坪站和蚂蚁堆站作为典型样点，通过 2008—2012 年各月的土壤水分，求得各站点月平均土壤含水量，分析这 8 个站点不同月份不同层间土壤平均含水量与降水量的关系（图 6.21）。

从图 6.21 中可以看出，在土壤垂直方向上，大部分站点呈现出深度越深土壤含水量越大的趋势，其中东风、三棵树、荣峰、紫金和蚂蚁堆 5 个站点均呈现 40cm＞20cm＞10cm 的趋势，且 10cm 和 20cm 土壤含水量比较近似；由于 10cm 和 20cm 土壤含水量变异系数最大，其离散程度较大，相较于平均值波动最大（高福栋，2011），因此在桥头站呈现 20cm＞40cm＞10cm 的趋势，沙坝站呈现 20cm＞10cm＞40cm 的趋势，大茨坪站则呈现 10cm＞40cm＞20cm 的趋势。

从时间上看，除沙坝站、东风站和蚂蚁堆站外，其余站点不同深度土壤

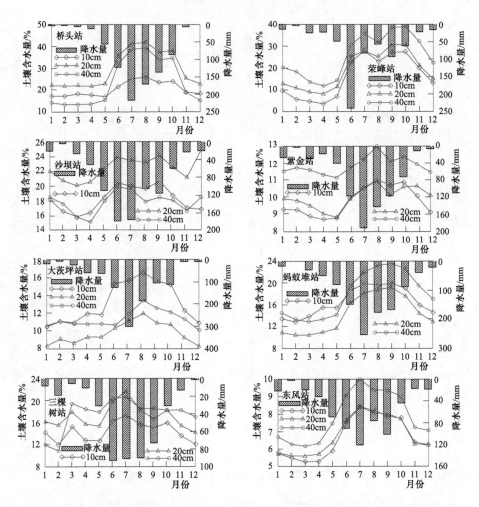

图 6.21　土壤水分随时间的变化曲线图

含水量最大值均出现在最大月降水量后的一个月。云南省降水主要集中在雨季（5—10 月），且夏季（6—8 月）最为集中，占全年降水量的 57.96%（曹言，2013），受降水季节影响，土壤含水量最大值主要集中出现在 6—10 月，其中桥头站、紫金站、大茨坪站和蚂蚁堆站不同深度土壤最大含水量出现在 8—9 月，而东风站、三棵树站、沙坝站和荣峰站（10cm）不同深度土壤最大含水量则出现在 6—7 月，荣峰站（20cm 和 40cm）土壤最大含水量出现在 10 月，不同深度土壤含水量最大值出现的时间基本上呈现出从东南向西北逐渐推迟的趋势。而不同深度土壤含水量最小值主要出现在 1—4 月，一方面是由于降水较少，另一方面则是由于春季正是农作物需水高峰时期。

6.3.2 土壤墒情与温度的响应分析

选取桥头站、荣峰站、沙坝站、蚂蚁堆站和东风站作为典型样点，通过2008—2012 年各月的土壤水分，求得各站点月平均土壤含水量，分析这 5 个站点不同月份不同层间土壤平均含水量与气温的关系（图 6.22）。

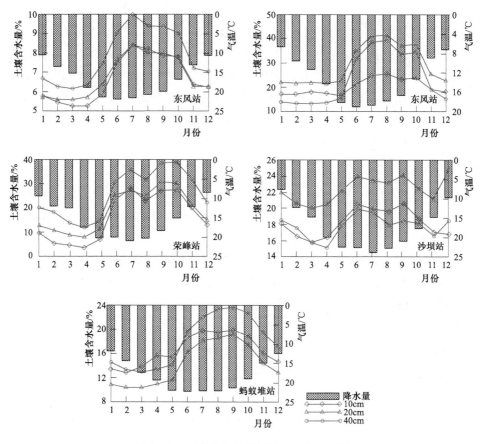

图 6.22 土壤含水量随气温的变化曲线图

从图 6.22 可以看出，5 个站点的最高气温出现在 6 月或 7 月，其中除滇东南地区的沙坝站和荣峰站最高气温出现在降水最大值的后一个月，即 7 月，其余地区各站点最高气温均出现在降水最大值的前一个月，即 6 月。而不同深度月平均土壤含水量最大值则分别出现在 6—10 月，与气温的变化没有明显的关系；但是在旱季 5 个站点最高气温分别出现在 3 月和 4 月，其对应的月平均土壤含水量达到一年中的最低值，且大部分站点月平均土壤相对含水量在 4 月呈现转折点，一方面是由于旱季降水少，且气温较高，土壤水分蒸发变大，导致土壤相对含水量偏低；另一方面则是由于 4 月之后便进入雨季，降水增多，土壤相对含水量上升。

由此可见，土壤相对含水量能够较好地反映降水和温度的变化情况，在雨季降水变化对土壤相对含水量影响显著，而在旱季温度变化对土壤相对含水量影响显著，因此基于土壤相对含水量能够较为准确、及时地反映出云南省干旱情况。

6.3.3 干旱监测分析

土壤是农作物水分的主要来源，土壤水分的多少对农作物的生长发育有直接的影响，当土壤水分不能满足作物时就会出现旱情（陈万金，1994）。土壤相对湿度指标是目前研究比较成熟，且能较好反映作物旱情状况的可行指标（王密侠，1998）。土壤相对湿度一般以土壤重量含水量与田间持水量的比值表示，旱情等级标准（SL 424—2008）中建议采用的土层深为 0～40cm，计算公式为

$$R = W/f_c \tag{6.3}$$

式中：R 为土壤相对湿度，%；W 为土壤重量含水量，%；f_c 为土壤田间持水量，%。

通过式（6.3）计算出云南省 23 个土壤墒情站点 10cm、20cm、40cm 3 个不同深度的月平均土壤相对含水量（即土壤相对湿度），对照土壤相对湿度旱情等级表，对土壤相对湿度与干旱等级关系进行了定义（表 6.4），进而分析 2008—2012 年云南省干旱的时空分布特征。

表 6.4　　　　　　　　　　　土壤相对湿度旱情等级表

干旱等级	无旱	轻度干旱	中度干旱	严重干旱	特大干旱
土壤相对湿度/%	$R \geqslant 60$	$50 \leqslant R < 60$	$40 \leqslant R < 50$	$30 \leqslant R < 40$	$R < 30$

6.3.3.1 基于土壤墒情的云南省干旱时程分析

根据 2008—2012 年各土壤墒情站点的月平均土壤相对湿度，通过 ArcGIS 软件进行克里金插值法进行空间插值，得到整个云南省的干旱情况。从图 6.23 可以看出，1 月、2 月、3 月、4 月、5 月、11 月和 12 月旱情频发，其中 1 月、3 月、11 月和 12 月干旱范围最广，且从严重程度看，11 月和 12 月旱情最为严重，其余月份旱情出现相对较少。2008 年除 5—8 月外，其余月份旱情较为严重，其中 12 月和 2 月干旱范围最广，面积占比为 93.42% 和 93.21%，且旱情最为严重，特旱和重旱面积占比分别达到 13.57%、36.66% 和 23.5%、27.52%；2009 年呈现连续性的干旱，全年

各月均出现严重的旱情，全省 84.48% 以上的地区出现不同程度的干旱，其中 12 月干旱面积最大且旱情最严重，干旱面积占比达到 97.84%，特旱和重旱面积占比分别为 84.84% 和 8.78%；2010 年旱情较上一年有所缓解，旱情主要出现在 1 月、2 月、5 月和 12 月，其中 12 月干旱面积最大，占比达到 97.36%，1 月旱情最严重，特旱和重旱面积占比分别为 58.92% 和 24.32%；2011 年干旱主要发生在 1—5 月，其中 1 月干旱面积最大且旱情最为严重，干旱面积占比达到 98.63%，特旱和重旱面积占比分别为 48.72% 和 40.83%；2012 年干旱主要发生在 1—5 月和 11—12 月，其中 12 月干旱面积最大且旱情最为严重，干旱面积占比达到 99.74%，特旱和重旱面积占比分别为 18.72% 和 47.81%。

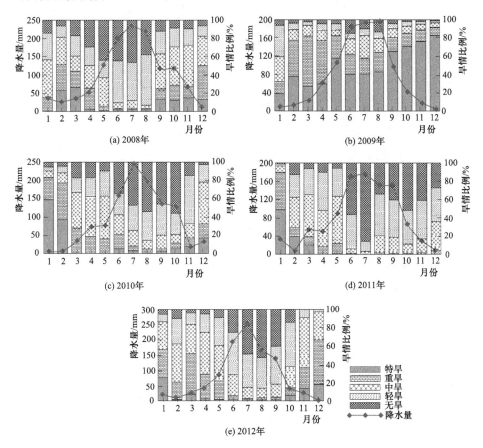

图 6.23 2008—2012 年各月旱情分布情况

6.3.3.2 基于土壤墒情的云南省干旱空间分析

从云南省干旱空间分布来看（图 6.24），在干旱频发的月份全省大部分地

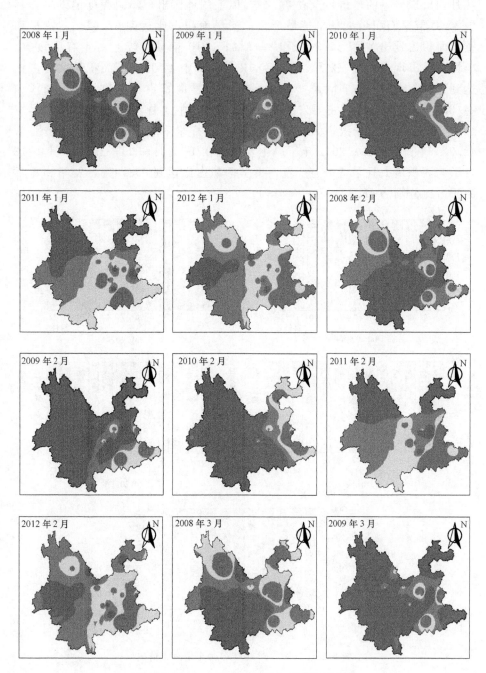

图 6.24（一）　云南省干旱空间分布示意图

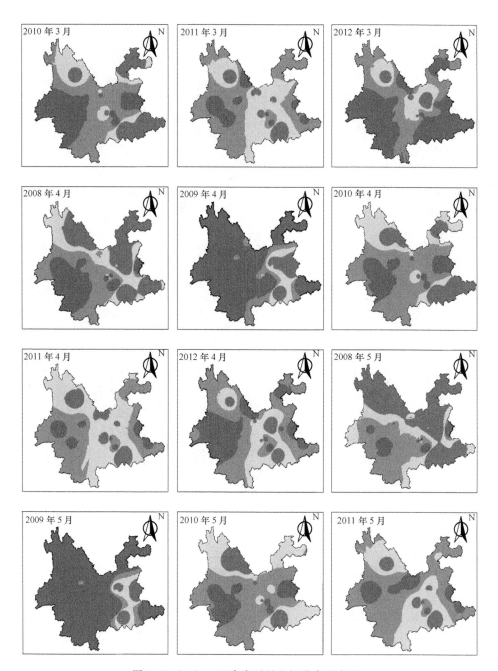

图 6.24（二） 云南省干旱空间分布示意图

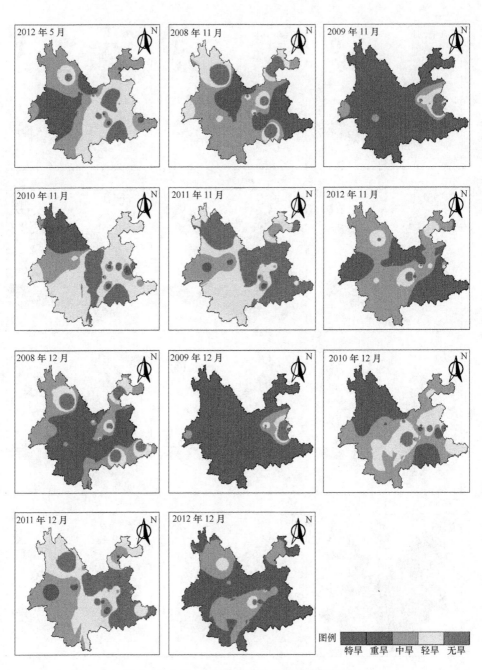

图 6.24（三）　云南省干旱空间分布示意图

区均出现不同程度的旱情，旱情范围大，滇西南和滇中地区旱情最为严重。除 2008 年和 2012 年外，1 月特旱和重旱主要分布在滇西南、滇中、滇东北以及滇西北地区；与 1 月相比，2 月旱情整体上呈现加重趋势，其特旱和重旱主要分布区与 1 月基本一致；3 月旱情普遍加重，其特旱和重旱主要分布在滇西南、滇中以及滇东南部分地区；4 月旱情有所缓解，其特旱和重旱主要分布在滇西南和滇中地区；除 2008 年外，5 月旱情有所加重，其特旱和重旱主要分布在滇西南、滇中以及滇东南部分地区；11 月出现特旱和重旱的地区主要集中在滇中、滇西南、滇东南东部以及滇西北东部；12 月旱情较之前几个月最严重，特旱和重旱主要出现在滇中、滇西南、滇东南以及滇西北地区。

6.4 小结

根据 1964—2013 年云南省 128 个气象站点的降雨数据，表明云南省各区域 CDD 呈上升趋势，且增长趋势在云南省西北部较东南部显著；CWD 和 R10 则均呈减少趋势，其中西南地区的 CWD 减少趋势最为显著，滇中、滇东北东部和滇东南西北部的 R10 减少趋势最显著。大部分站点的 SDII 呈增大趋势，但增大幅度较小，相反在东北部、西北部以及西南小部分地区的少数站点 SDII 呈减小趋势，但减小幅度大。这些变化趋势表明，降水减少可能是近年来干旱增加的主要原因。

2008—2012 年，2009 年和 2011 年旱情最为严重，在季节上表现为春冬两季旱情较为严重，1 月、2 月、3 月、4 月、11 月、12 月土壤墒情较低且旱情频发，其中 1 月和 12 月旱情发生频率最高且干旱程度最为严重；在空间上，干旱频发区主要分布在滇中和滇西南地区，这些地区同时也是云南省旱情最为严重的地区。

参 考 文 献

［1］ 游庆龙，康世昌，闫宇平，等. 近 45 年雅鲁藏布江流域极端气候事件趋势分析 [J]. 地理学报，2009，64（5）：592 - 600.

［2］ 王素萍，张存杰，韩永翔. 甘肃省不同气候区蒸发量变化特征及其影响因子研究 [J]. 中国沙漠，2010，30（3）：675 - 680.

［3］ 杨艳娟，任雨，郭军. 1951—2009 年天津市主要极端气候指数变化趋势 [J]. 气象与环境学报，2011，27（5）：21 - 26.

［4］ 王莺，王劲松，姚玉璧，等. 中国华南地区持续干期日数时空变化特征 [J]. 生态环境学报，2014，23（1）：86 - 94.

［5］ 王冀，蒋大凯，张英娟. 华北地区极端气候事件的时空变化规律分析 [J]. 中国农

业气象，2012，33（2）：166-173.

[6]　刘琳，徐宗学. 西南 5 省市极端气候指数时空分布规律研究［J］. 长江流域资源与环境，2014，23（2）：294-301.

[7]　杨方兴. 内蒙古地区极端气候事件时空变化及其与 MDVI 的相关性［D］. 西安：长安大学，2012.

[8]　季漩，罗毅. TRMM 降水数据在中天山区域的精度评估分析［J］. 干旱区地理，2013，36（2）：253-262.

[9]　李景刚，阮宏勋，李纪人，等. TRMM 降水数据在气象干旱监测中的应用研究［J］. 水文，2010，30（4）：43-46.

[10]　韩海涛，胡文超，陈学君，等. 三种气象干旱指标的应用比较研究［J］. 干旱地区农业研究，2009，27（1）：237-241，247.

[11]　臧文斌，阮本清，李景刚，等. 基于 TRMM 降雨数据的西南地区特大气象干旱分析［J］. 中国水利水电科学研究院学报，2010，8（2）：97-106.

[12]　段琪彩，张雷，周彩霞. 近 60 年来云南省干旱灾害变化特征［J］. 安徽农业科学，2015，43（18）：228-231.

[13]　张雷，王杰，黄英，等. 1961—2010 年云南省基于 SPEI 的干旱变化特征分析［J］. 气象与环境学报，2015，31（5）：141-146.

[14]　王海，杨祖祥，王麟，等. TVDI 在云南 2009/2010 年干旱监测中的应用［J］. 云南大学学报（自然科学版），2014，36（1）：59-65.

[15]　李振. 云南省干旱发生时空特征研究［D］. 昆明：昆明理工大学，2014.

[16]　云南省水利厅. 云南省水资源公报［R］. 2009.

[17]　云南省水利厅. 云南省水资源公报［R］. 2011.

[18]　高福栋，王志丹. 北京地区土壤墒情变化规律研究［J］农田水利，2011（4）：57-60.

[19]　曹言. 基于 SCS 模型滇池流域雨水潜力估算研究［D］. 昆明：云南大学，2013.

[20]　陈万金，信乃诠. 中国北方旱地农业综合发展与对策［M］. 北京：中国农业科技出版社，1994.

[21]　王密侠，马成军. 农业干旱指标研究与进展［J］. 干旱地区农业研究，1998，16：119-124.

第7章 云南省土壤墒情监测系统

7.1 云南省土壤墒情监测系统目标与设计原则

利用地理信息系统技术、遥感技术和网络信息技术，设计构建土壤墒情监测系统，实现：①土壤墒情监测数据分布式统计分析；②遥感数据的自动下载和管理；③多源遥感数据土壤墒情自动反演；④多源遥感反演结果与监测数据的融合及展示；⑤依据遥感反演的土壤墒情进行旱情空间分布显示，提升云南省抗旱测报能力和预测预警水平，为全面及时地掌握云南省土壤墒情空间分布及变化、旱情空间分布及变化提供有力技术支撑，为云南省干旱管理及抗旱减灾决策等提供科学依据。

根据当前监控系统的技术状况以及未来的发展趋势，本书所设计的监测系统应立足于先进且成熟的主流技术和主流产品，使系统易使用、易维护、易扩展并且安全系数高。因此，规划和实施土壤墒情监测系统遵循了以人为本、技术先进性与成熟性相结合，兼顾系统的安全性、适用性、实施的可行性以及标准化，开放、可扩充性和经济合理性的原则。

7.2 云南省土壤墒情监测系统总体架构

7.2.1 系统总体框架

土壤墒情监测系统总体框架如图7.1所示，该系统由多源原始数据管理、反演融合算法调用、墒情数据管理、墒情数据空间展示四大部分组成。

基础地理数据、多源遥感数据、站点监测数据等是系统的基础，墒情反演和墒情融合算法是系统的重要支撑，在这两者的支持下进行遥感反演和数据融合计算获取的墒情数据是系统的核心，土壤墒情数据展示与应用是系统的建设目的。

7.2.2 系统逻辑结构

从纵向逻辑上，云南省土壤墒情监测系统自底向上包括5层，即基础设施层、数据资源层、模型算法层、功能服务层和用户层（图7.2）。

（1）基础设施层是系统赖以存在和运行的载体，主要包括数据采集分析设

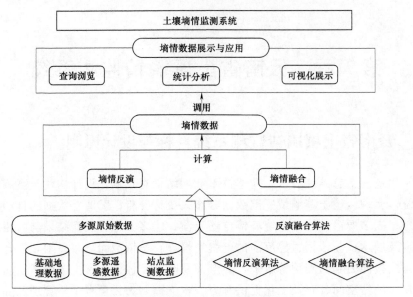

图 7.1　土壤墒情监测系统总体框架

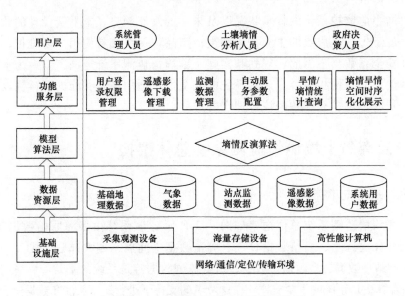

图 7.2　土壤墒情监测系统逻辑结构图

备、海量存储设备、高性能计算设备、网络/通信/导航定位设备等以及支撑这些硬件设备运行的必要软件平台。

（2）数据资源层是系统的基础，主要用以存储支撑系统运行和管理的相关数据资源。数据资源具体有基础地理数据（云南省 90m 和 30m 分辨率数字高程数据、云南省 1∶250000 和 1∶100000 土地利用数据等）、气象数据、站点监测数据（分布在云南省主要地区的 23 个固定监测站点搜集到的数据）、遥感影像数据（MODIS、AVHRR 等中低分辨率遥感数据和 HJ 1A/1B、ALOS 等高分辨率遥感数据）和系统用户数据等。

（3）模型算法层是系统的重要支撑，包括进行墒情反演和改进的模型。

（4）功能服务层是系统的核心，主要提供保障系统正常运行以及系统需要实现的主要功能，包括用户注册登录和认证管理、遥感影像下载管理、监测数据管理、自动化参数配置，以及土壤墒情和旱情反演计算、查询、统计分析与空间化时序展示等。

（5）用户层主要是对系统的各类用户进行管理，相关用户具体有系统管理人员、土壤墒情数据分析人员和政府决策人员等。系统管理人员主要是负责整个系统的正常运行，同时对用户的相关权限和角色进行分配；土壤墒情分析人员主要是对墒情数据的时序化和空间化信息进行展示，并根据实际需要调整墒情分析的相关参数；政府决策人员主要是根据系统的分析结果对实际农业活动、旱灾预警和抗旱做出指导。

7.2.3 系统功能模块

从横向功能上，云南省土壤墒情监测系统可以分为系统管理、数据管理、自动化服务参数配置、土壤墒情反演和土壤墒情旱情统计分析五大功能模块（图 7.3）。

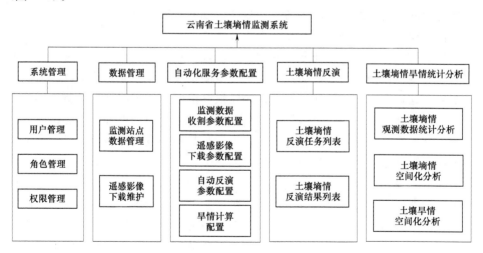

图 7.3 土壤墒情监测系统功能模块组成图

系统管理部分是面向系统管理人员的，主要提供用户管理、角色管理和权限管理等功能。用户管理模块主要实现新用户的注册及用户信息的管理，用户信息主要包括账户名、用户编号、密码、昵称等。角色管理模块主要为已注册的用户赋予相应的角色，这些角色主要有系统管理者、普通管理员和一般用户；同时能够对角色所拥有的权限进行相应的编辑和授权。权限管理模块则提供对系统相应的子模块的权限信息进行增加、删除和修改的功能。

数据管理部分是面向普通管理员和一般用户的，主要提供监测站点数据管理、遥感影像下载维护功能。监测站点数据管理模块主要对云南省固定监测站点信息和监测数据进行管理。其中，固定监测站点信息管理子模块主要实现站点编号、名称、旱情墒情对照信息以及对站点位置进行地图定位；监测数据维护子模块主要提供各个站点监测到的墒情信息和监测数据文件（如 Excel 的 .XLs 格式、文本文件的 .txt 或 .csv 等格式）的批量导入功能。遥感影像下载维护模块主要对下载完成的影像进行管理，包括影像类型、图幅编号、影像成像时间和影像存放地址。

自动化服务参数配置部分是面向普通管理员和一般用户的，主要提供监测数据收割参数配置、遥感影像下载参数配置、自动反演参数配置和旱情计算配置功能。监测数据收割参数配置模块主要对土壤墒情野外监测数据进行远程自动收割的参数配置，包括数据收割地址、数据收割时间和收割频率等。遥感影像下载参数配置模块主要配置与影像自动下载相关联的参数，包括下载地址、下载周期、下载时间、存放地址等。自动反演参数配置模块主要显示各种不同的影像下载方案和监测数据自动收割方案，通过选定某一方案为默认方案，使之后的方案均以此为模板进行反演，实现系统自动化运行。旱情计算配置模块主要显示固定监测站点土壤旱情与质量含水率的对照表以及 TVDI 与旱情的对照表，并提供了参数的增加、删除和修改功能。

土壤墒情反演直接面向普通管理员和一般用户，包括土壤墒情反演任务列表和土壤墒情反演结果列表功能。其中土壤墒情反演任务列表即选取需要进行反演的数据，设定反演时间，然后调用反演算法对墒情数据进行反演。反演完成后，系统自动跳转到土壤墒情反演结果列表供用户浏览查看反演的结果。

土壤墒情旱情统计分析都是面向普通管理员和一般用户的，主要提供土壤墒情数据统计分析、土壤墒情和旱情空间化分析功能。土壤墒情观测数据统计分析模块主要提供各个站点监测数据的时序分析、多站点的对比分析、单站点的历年同期分析功能，这些分析能够直观展示云南省各个监测站点所在区域的土壤墒情在时间序列上的分布规律。土壤墒情空间化分析模块主要提供土壤墒情空间化和土壤墒情时序化分析功能。土壤墒情空间化分析主要是将土壤墒情反演后的影像以地图服务形式展示出来；土壤墒情时序化空间分析则是根据设定的时间步长将目的区域的土壤墒情动态展示出来。土壤旱情空间化分析模块主要提供土壤旱情计算分析、土壤旱情空间化展示和时序化空间展示功能。其中，土壤旱情计算分析是将固定站点监测数据、遥感影像数据与旱情墒情关系对照表结合起来得出不同地区的旱情；土壤旱情空间化展示则是将旱情结果进行空间化展示；土壤旱情时序化空间展示则是通过动画的形式将选定的时间段内的旱情动态展示出来。

7.3　云南省土壤墒情监测数据库

7.3.1　数据库概念设计

7.3.1.1　数据内容分析

系统数据库中的数据主要包括支撑系统运行和管理的相关数据资源，具体包括基础地理数据、站点监测数据、墒情反演和融合数据、遥感影像数据、系统用户数据、遥感影像自动下载参数数据、自动反演融合参数数据等。

属性数据都存储在数据库中，由于遥感影像数据和反演融合数据庞大，导入空间数据库所需时间过长，且不利于维护，因此采用文件形式存放。基础地理空间数据量较小，也以文件形式存放。

7.3.1.2　数据库 E-R 图

基于 7.3.1.1 节对数据内容的分析，数据库应包含用户对象、监测站点对象、监测站点信息对象、墒情反演融合数据对象、遥感影像元数据对象、遥感影像自动下载参数对象和自动反演融合参数对象等。具体的 E-R 图如图 7.4~图 7.8 所示。

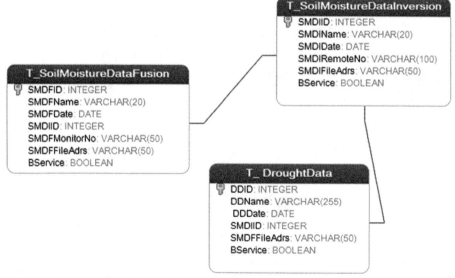

图 7.4　土壤墒情反演数据表、土壤墒情融合数据表和旱情数据表关系

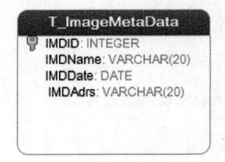

图 7.5　遥感影像元数据表

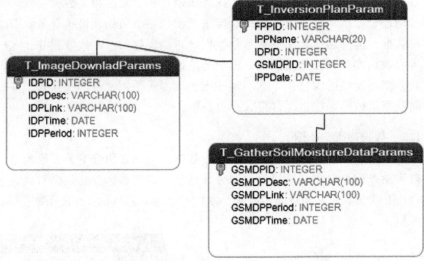

图 7.6　遥感影像自动下载参数配置表、墒情监测数据收割
参数表和土壤墒情反演方案配置表关系

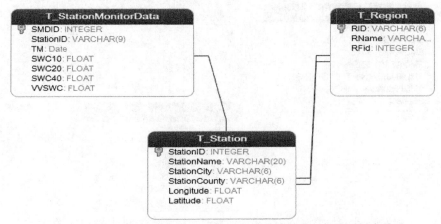

图 7.7　土壤墒情监测站点表、土壤墒情监测数据表和行政区划表关系

7.3.2 数据库逻辑设计

7.3.2.1 数据库表设计

数据库主要包含基本表、字典表、参数配置表和数据表（表7.1）。基本表包括用户信息表和日志记录表。字典表包括行政区划表和土壤墒情监测站点表。参数配置表包括遥感影像自动下载参数配置表、墒情监测数据收割参数表和土壤墒情反演方案配置表。数据表包括遥感影像元数据表、土壤墒情监测数据表、土壤墒情反演数据表、土壤墒情融合数据表和旱情数据表。

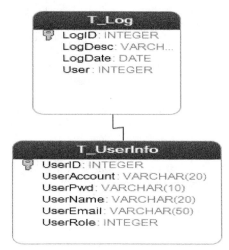

图 7.8　用户信息表和日志记录表关系

表 7.1　　　　　数 据 库 表 列 表

编号	数据表类型	数据表英文名	数据表中文名	描述
1	基本表	T _ UserInfo	用户信息表	记录用户信息
2		T _ Log	日志记录表	记录登录与操作信息
3	典表	T _ Region	行政区划表	存储行政区划
4		T _ Station	土壤墒情监测站点表	存储土壤墒情监测站点信息
5	参数配置表	T _ ImageDownloadParams	遥感影像自动下载参数配置表	存储遥感影像自动下载参数配置
6		T _ GatherSoilMoistureDataParams	墒情监测数据收割参数表	存储墒情监测数据收割参数
7		T _ InversionPlanParam	土壤墒情反演方案配置表	存储土壤墒情反演方案配置
8	数据表	T _ ImageMetaData	遥感影像元数据表	存储遥感影像元数据
9		T _ StationMonitorData	土壤墒情监测数据表	存储土壤墒情监测数据
10		T _ SoilMoistureDataInversion	土壤墒情反演数据表	存储土壤墒情反演数据
11		T _ SoilMoistureDataFusion	土壤墒情融合数据表	存储土壤墒情融合数据
12		T _ DroughtData	旱情数据表	存储旱情数据

7.3.2.2 数据表结构设计

1. 基本信息表

用户信息表 T _ UserInfo：字段构成见表7.2。

表 7. 2　　　　　　　　　　　　**T ＿ UserInfo 表字段构成**

编号	字段名称	字段描述	字段类型．长度．精度	是否可为空	主键	外键	备注
1	UserID	用户编号	int		√		自增
2	UserAccount	用户名称	varchar（20）				
3	UserPwd	用户密码	varchar（10）				
4	UserName	用户姓名	varchar（20）				
5	UserEmail	邮箱	varchar（50）				
6	UserRole	用户角色	int				0：超级管理员； 1：管理员； 2：一般用户

日志记录表 T ＿ Log：字段构成见表 7.3。

表 7. 3　　　　　　　　　　　　**T ＿ Log 表字段构成**

编号	字段名称	字段描述	字段类型．长度．精度	是否可为空	主键	外键	备注
1	LogID	日志编号	int		√		自增
2	LogDesc	操作描述	varchar（255）				
3	LogDate	操作时间	date				
4	User	操作人	int			T ＿ UserInfo.UserID	

2. 字典表

行政区划表 T ＿ Region：字段构成见表 7.4。

表 7. 4　　　　　　　　　　　　**T ＿ Region 表字段构成**

编号	字段名称	字段描述	字段类型．长度．精度	是否可为空	主键	外键	备　注
1	RID	行政区编号	varchar（6）		√		按国家行政区划编号录入云南省数据
2	RName	行政区名称	varchar（30）				
3	RFid	上级编号	varchar（6）	√			

土壤墒情监测站点表 T_Station：字段构成见表 7.5。

表 7.5 T_Station 表字段构成

编号	字段名称	字段描述	字段类型·长度·精度	是否可为空	主键	外键	备注
1	StationID	测站编号	varchar（9）	✓			
2	StationName	测站名称	varchar（20）				
3	StationCity	所在城市	varchar（6）			T_Region. RID	
4	StationCounty	所在县	varchar（6）			T_Region. RID	
5	Longitude	经度	float				
6	Latitude	纬度	float				

3. 参数配置表

遥感影像自动下载参数配置表 T_ImageDownladParams：字段构成见表 7.6。

表 7.6 T_ImageDownladParams 表字段构成

编号	字段名称	字段描述	字段类型·长度·精度	是否可为空	主键	外键	备注
1	ID	自动下载方案编号	int		✓		自增
2	IDPDesc	方案名称	varchar（100）				
3	IDPLink	下载地址	varchar（100）				
4	IDPDate	自动下载时间	date				ss：ff
5	IDPPeriod	自动下载周期	int				

注 存有两套方案，日常方案下载周期为 7d，旱情方案为 2d。

墒情监测数据收割参数表 T_GatherSoilMoistureDataParams：字段构成见表 7.7。

表 7.7 T_GatherSoilMoistureDataParams 表字段构成

编号	字段名称	字段描述	字段类型·长度·精度	是否可为空	主键	外键	备注
1	ID	参数编号	int		✓		自增
2	GSMDPDesc	方案说明	varchar（100）				
3	GSMDPLink	收割地址	varchar（100）				
4	GSMDPPeriod	自动收割周期	int				
5	GSMDPDate	自动收割时间	date				ss：ff：00

土壤墒情反演方案配置表 T _ InversionPlanParam：字段构成见表 7.8。

表 7.8　　　　　　　　　　T _ InversionPlanParam 表字段构成

编号	字段名称	字段描述	字段类型．长度．精度	是否可为空	主键	外键	备注
1	FPPID	编号	int		√		自增
2	IPPName	方案名称	varchar（20）				
3	IDPID	影像自动下载方案	int			T _ ImageDownladParams. IDPID	
4	GSMDPID	监测数据自动收割方案	int			T _ GatherSoilMoistureDataParams. GSMDPID	
5	IPPDate	反演时间	date				

4. 数据表

遥感影像元数据表 T _ ImageMetaData：字段构成见表 7.9。

表 7.9　　　　　　　　　　T _ ImageMetaData 表字段构成

编号	字段名称	字段描述	字段类型．长度．精度	是否可为空	主键	外键	备注
1	IMDID	编号	int		√		自增
2	IMDName	影像名称	varchar（20）				
3	IMDDate	影像成像时间	date				
4	IMDAdrs	存放地址	varchar（20）				

土壤墒情监测数据表 T _ StationMonitorData：字段构成见表 7.10。

表 7.10　　　　　　　　　　T _ StationMonitorData 表字段构成

编号	字段名称	字段描述	字段类型．长度．精度	是否可为空	主键	外键	备注
1	SMDID	标识符	int		√		自增
2	StationID	测站编号	varchar（9）			T _ Station. StationID	
3	TM	观测时间	date				
4	SWC10	10cm 深度含水率	float				
5	SWC20	20cm 深度含水率	float				
6	SWC40	40cm 深度含水率	float				
7	VVSWC	平均深度含水率	float				

土壤墒情反演数据表 T _ SoilMoistureDataInversion：字段构成见表 7.11。

表 7.11　　　　　　T _ SoilMoistureDataInversion 表字段构成

编号	字段名称	字段描述	字段类型．长度．精度	是否可为空	主键	外键	备注
1	SMDIID	编号	int		√		自增
2	SMDIName	反演后数据名称	varchar（20）				
3	SMDIDate	数据成像时间	date				
4	SMDIRemoteNo	遥感数据编号	varchar（100）				遥感原始影像编号，用分号隔开
5	SMDIFileAdrs	数据反演文件存放地址	varchar（50）				
6	BService	是否发布为服务	Boolean				

土壤墒情融合数据表 T _ SoilMoistureDataFusion：字段构成见表 7.12。

表 7.12　　　　　　T _ SoilMoistureDataFusion 表字段构成

编号	字段名称	字段描述	字段类型．长度．精度	是否可为空	主键	外键	备注
1	SMDFID	编号	int		√		自增
2	SMDFName	融合文件名称	varchar（20）				
3	SMDFDate	数据融合时间	date				
4	SMDIID	反演数据编号	int			T _ SoilMoistureDataInversion.SMDIID	
5	SMDFMonitorNo	监测数据	varchar（50）				监测数据编号以分号隔开
6	SMDFFileAdrs	数据融合文件存放地址	varchar（50）				
7	BService	是否发布为服务	Boolean				

旱情数据表 T _ DroughtData：字段构成见表 7.13。

表 7.13　　　　　　　　　　　**T _ DroughtData 表字段构成**

编号	字段名称	字段描述	字段类型·长度·精度	是否可为空	主键	外键	备注
1	DDID	编号	int		√		自增
2	DDName	旱情文件名称	varchar（20）				
3	DDDate	旱情计算时间	date				
4	SMDIID	反演数据编号	int			T _ SoilMoisture DataInversion. SMDFID	
5	SMDFFileAdrs	旱情数据存放地址	varchar（50）				
6	BService	是否发布为服务	boolean				

7.4　云南省土壤墒情监测系统实现

云南省土壤墒情监测系统的开发采用 B/S 模式，使用 MyEclipse 2013 作为开发工具，开发语言选择 Java，使用 postgreSQL 作为数据库管理软件，利用 OpenLayers 进行地图显示，通过 GeoServer 来发布地图服务。在用户界面上通过树型控件、标签页、工具栏和浮动窗体来实现各项功能，整个界面简洁明了，功能模块划分清楚，风格统一，用户较易上手。相关界面展示如图 7.9～图7.12 所示。

图 7.9　云南省土壤墒情监测系统主界面

图 7.10 土壤墒情监测站点信息管理

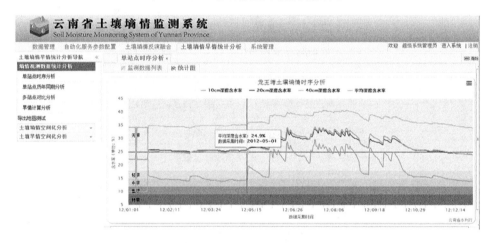

图 7.11 土壤墒情监测站点数据统计分析

7.4.1 监测站点数据管理与影像下载管理

7.4.1.1 监测站点信息维护模块

该模块提供监测站点的查询、添加、修改与删除等功能。监测站点信息维护模块功能列表见表 7.14。

（1）监测站点信息查询。通过关键词查询监测站点，显示监测站点信息，如图 7.13 所示。

（2）增加监测站点。添加监测站点，录入站点编号、名称，站点所属城市、所在县以及经纬度信息，如图 7.14 所示。

图 7.12 土壤墒情时序化分析

表 7.14   监测站点信息维护模块功能列表

编　号	子 模 块	描　　述
TRSQ1	监测站点信息查询	通过关键词查询监测站点
TRSQ2	增加监测站点	添加监测站点，输入站点信息
TRSQ3	修改监测站点信息	修改站点信息
TRSQ4	删除监测站点	删除监测站点，并删除相应监测数据

关键字 _____   查询   增加站点

编号	测站名称	测站所在城市	所在县	经度	纬度	操作
90356500	大茨坪	保山	保山市	99.20	25.02	修改 删除
						修改 删除
						修改 删除
						修改 删除

上一页 ◀ 1 2 3 4 5 6 7 8 9 ▶ 下一页

图 7.13 站点列表

编号
测站名称
所在城市
所在县
经度
纬度
确认
取消

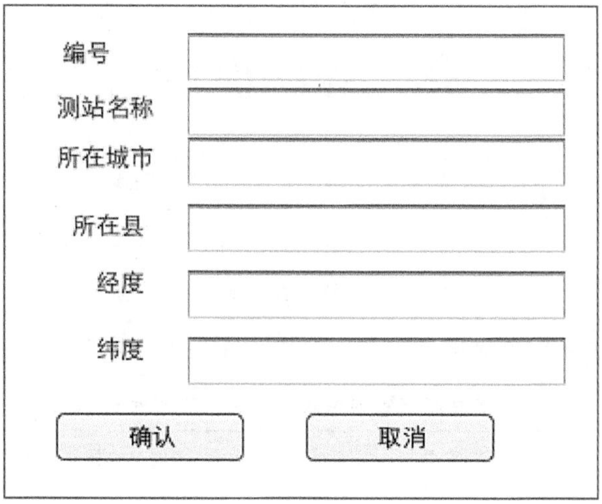

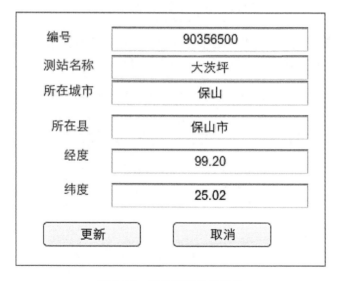

图 7.14 监测站点信息录入

(3) 修改监测站点信息。单击站点后的修改按钮即可对站点信息进行修改，如图 7.15 所示。

编号
90356500
测站名称
大茨坪
所在城市
保山
所在县
保山市
经度
99.20
纬度
25.02
更新
取消

图 7.15 修改监测站点信息

(4) 删除监测站点信息。删除站点信息及站点监测信息，单击站点后的删除按钮即可删除站点，并弹窗提示是否删除，如图 7.16 所示。

7.4.1.2 站点监测数据录入维护模块

该模块提供云南省地面土壤墒情监测站点监测数据的查询、录入、删除、

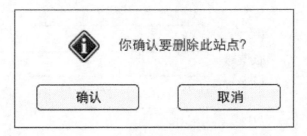

图 7.16 删除监测站点提示

更新等功能。站点监测数据录入维护模块功能列表见表 7.15。

表 7.15 站点监测数据录入维护模块功能列表

编　号	子　模　块	描　　述
TRSQ5	站点监测数据查询	通过关键字检索数据
TRSQ6	站点监测数据录入	将数据录入或导入到数据库中
TRSQ7	删除站点监测数据	删除数据库中的数据
TRSQ8	修改站点监测数据	修改数据库中的数据

（1）站点监测数据查询。通过选择时间范围，检索某站点监测数据，并将检索结果以列表的形式显示出来，如图 7.17 所示。

选择	编号	测站名称	采集时间	10cm	20cm	40cm	平均	操作
☐	90356500	大茨坪	2008-01-03 08:00:15	19.1	32.2	31.4	27.6	修改
☐	90356500	大茨坪	2008-01-03 08:00:15	19.1	32.2	31.4	27.6	修改
☐	90356500	大茨坪	2008-01-03 08:00:15	19.1	32.2	31.4	27.6	修改
☐	90356500	大茨坪	2008-01-03 08:00:15	19.1	32.2	31.4	27.6	修改

测站名称 [所有台站 ▼]　起始时间 [2012/04/01]　终止时间 [2012/04/30]

关键字 [　　　　　　]　[查询]　　[新增数据]　[导入数据]　[删除数据]

上一页 ◀ 1　2　3　4　5　6　7　8　9 ▶ 下一页

图 7.17 监测数据浏览

（2）站点监测数据录入。提供录入站点监测数据的功能，支持单条数据的录入，同时还支持多条数据的批量导入和遵循一定格式的多个站点监测数据文档的批量导入。导入文档的类型可以为 Excel 或者 Txt，文档中数据列顺序为：测站编号、测站名称、采集时间、10cm 土壤含水量、20cm 土壤含水量、40cm 土壤含水量、0~40cm 土壤平均含水量，如图 7.18 和图 7.19 所示。

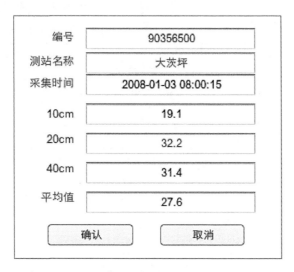

图 7.18　单条监测数据录入

图 7.19　批量导入监测数据

（3）删除站点监测数据。面向系统管理人员，提供删除站点监测数据库中数据的功能，勾选所需删除的数据，单击"删除数据按钮"即可删除，系统在删除数据前弹窗提示是否删除，如图 7.20 所示。

（4）修改站点监测数据。面向系统管理人员，提供修改单条监测数据的功能，单击要修改数据后的修改按钮即可对单条数据进行修改，如图 7.21 所示。

7.4.1.3 站点监测数据收割模块

该模块提供云南省地面土壤墒情监测站点监测数据收割参数配置和按照配置的参数自动收割站点监测数据的功能。站点监测数据收割模块功能列表见表 7.16。

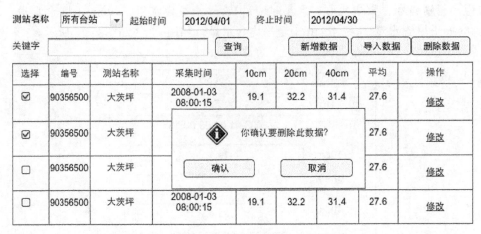

图 7.20　删除监测数据提示

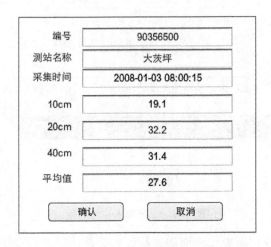

图 7.21　修改单条数据窗口

表 7.16　　　　　　　　站点监测数据收割模块功能列表

编　号	子 模 块	描　　述
TRSQ9	收割参数配置	配置收割站点监测数据的参数
TRSQ10	站点监测数据自动收割	依据配置的参数自动收割数据
TRSQ11	站点监测数据收割	依据配置的参数收割数据

（1）收割参数配置。提供数据收割所需有关参数的配置功能，包括数据收集连接接口以及是否为自动收割，自动收割参数又分为自动收割周期、收割时间、收割目录等，如图 7.22 和图 7.23 所示。

关键字			查询	增加		

编号	收割地址	方案说明	收割时间	收割周期(天)	操作
1	http://ladsweb.nascom.nasa.gov/data/search.html	日常方案	08:00:00	7	修改 删除
2	http://ladsweb.nascom.nasa.gov/data/search.html	发生旱情时采用方案	08:00:00	2	修改 删除
					修改 删除
					修改 删除

上一页 ◀ 1 2 3 4 5 6 7 8 9 ▶ 下一页

图 7.22　收割方案列表

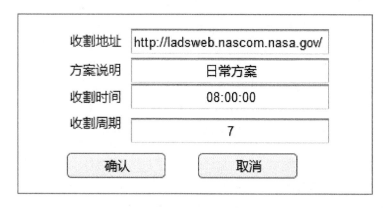

图 7.23　收割参数

（2）站点监测数据自动收割。通过建立的土壤墒情监测站点与监测数据库之间的连接，提供按照已经配置好的收割参数收割地面站点监测的土壤墒情数据的功能。

（3）站点监测数据收割。除了自动定时收割数据以外，还可以直接按照收割参数收割站点监测数据。若监测数据已经存在于数据库中，则放弃收割。

7.4.1.4　遥感影像下载模块

该模块提供遥感影像自动下载参数配置和按照配置的参数自动下载遥感影像的功能，同时还提供直接下载遥感影像的功能。遥感影像下载模功能列表见表 7.17。

表 7.17　　　　　　　　　遥感影像下载模块功能列表

编　号	子 模 块	描　　述
TRSQ12	下载参数配置	配置自动下载遥感影像的参数
TRSQ13	影像数据自动下载	依据配置的参数自动下载遥感影像
TRSQ14	影像数据直接下载	选择影像时间下载遥感影像

（1）下载参数设置。提供配置遥感影像自动下载参数（包括下载来源地址、自动下载周期、自动下载时间、遥感影像类型等）的功能。

遥感影像下载到本地默认的保存路径为：image ＼ YYYY ＼ MM ＼ DD。默认下载地址为：http：//ladsweb. nascom. nasa. gov/data/search. html。

平常的自动下载周期为 7d，一旦发生旱情时，每 2d 进行下载。

完成后的参数数据收割参数列表如图 7.24 所示，对单个数据收割方案进行编辑如图 7.25 所示。

关键字			查询	增加	

编号	下载地址	方案说明	下载时间	下载周期(天)	操作
1	http://ladsweb.nascom.nasa.gov/data/search.html	日常方案	08:00:00	7	修改 删除
2	http://ladsweb.nascom.nasa.gov/data/search.html	发生旱情时采用方案	08:00:00	2	修改 删除
					修改 删除
					修改 删除

上一页 ◀ 1　2　3　4　5　6　7　8　9 ▶ 下一页

图 7.24　遥感影像自动下载方案列表

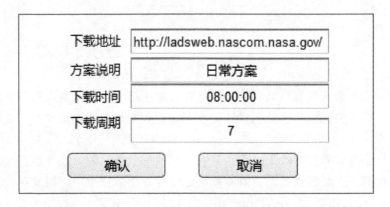

图 7.25　遥感影像自动下载方案编辑

（2）影像数据自动下载。按照已经配置好的下载参数，提供自动从网络下载遥感影像到本地的功能。此功能采用 python 进行编写，实现定期自动下载数据，并将元数据信息录入系统中。

（3）影像数据直接下载。除了自动下载遥感影像以外，也可以下载指定时间的数据。若该指定时间的数据在本地不存在则继续下载，若存在则取消下载。

下载后的遥感影像自动完成一系列预处理后自动入库，预处理包括图像拼接、几何校正、裁剪以及格式转换等。预处理之前的遥感影像为云南省分幅影像，格式为 . hdf。预处理完以后的遥感影像为云南全省影像，格式为 . tiff。

7.4.1.5 遥感影像元数据录入维护模块

该模块提供遥感影像元数据的查询、浏览、录入、删除、更新等功能。这里的遥感影像指的是已经过影像拼接、裁剪等预处理后的遥感影像，而非下载的 MODIS 原始影像数据。元数据录入主要针对在系统建立之前就已经完成下载的遥感数据。遥感影像元数据录入维护模块功能列表见 7.18。

表 7.18　　　　　　　遥感影像元数据录入维护模块功能列表

编　号	子　模　块	描　　述
TRSQ15	遥感影像元数据查询	通过关键字检索数据
TRSQ16	遥感影像元数据浏览	浏览指定的遥感影像元数据
TRSQ17	遥感影像元数据录入	将遥感影像元数据录入或导入到数据库中
TRSQ18	删除遥感影像元数据	删除数据库中的遥感影像元数据
TRSQ19	修改遥感影像元数据	修改数据库中的遥感影像元数据

（1）遥感影像元数据查询。遥感影像空间范围较为固定，但时间范围并不固定，因此可根据时间范围检索遥感影像数据库，并将检索结果以列表的形式显示出来。

（2）遥感影像元数据浏览。提供浏览指定的遥感影像元数据的功能。可按照起止时间、时段或关键字进行筛选。同时可在此浏览界面中直接下载新的遥感数据，单击下载影像按钮，会弹窗供用户选择影像的时间、时段，如图 7.26 和图 7.27 所示。

图 7.26　遥感影像元数据浏览界面

（3）遥感影像元数据录入。提供录入遥感影像元数据的功能，支持单条元数据的录入，同时还支持多条元数据的批量导入。

图 7.27　遥感影像直接下载

　　由于所用影像传感器与空间范围较为固定，因此仅需保存影像文件名和提取其成像时间即可。

　　在遥感影像元数据浏览界面上单击"元数据导入"按钮，在弹出的窗口中选择手动下载的影像即可导入元数据信息，如图 7.28 所示。

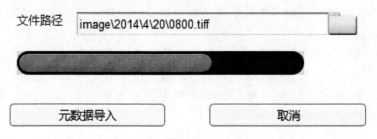

图 7.28　遥感影像元数据导入

　　（4）删除遥感影像元数据。面向系统管理人员，提供删除遥感影像数据库中元数据的功能。当需要删除元数据时，管理人员单击所要删除的元数据，系统弹窗提示是否删除，如管理人员确定删除后将删除该条元数据，如图 7.29 所示。

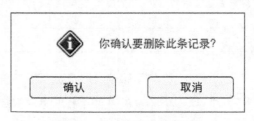

图 7.29　遥感影像元数据删除

　　（5）修改遥感影像元数据。面向系统管理人员，提供修改遥感影像数据库中元数据的功能，如图 7.30 所示。

图 7.30 遥感影像元数据修改

7.4.2 墒情数据半自动反演融合与自动发布服务

7.4.2.1 土壤墒情反演模块

该模块实现基于多源卫星数据的土壤墒情的遥感自动反演功能。输入预处理过的遥感数据之后，系统会根据土壤墒情遥感自动反演算法自动反演土壤墒情。土壤墒情反演模块功能列表见表 7.19。

表 7.19 土壤墒情反演模块功能列表

编 号	子 模 块	描 述
TRSQ20	遥感数据导入	用户根据反演算法要求导入目标区域和时段所需的多源遥感数据，或者由系统自动选择
TRSQ21	土壤墒情反演	依照遥感反演算法对遥感数据进行自动反演
TRSQ22	反演数据自动入库并发布服务	对反演后的数据进行自动入库与发布服务

（1）遥感数据导入。在半自动模式下，用户根据土壤墒情多源遥感反演算法要求，从系统的遥感影像数据库中查询并导入目标区域和时段所需的多源遥感数据。在全自动模式下，系统根据自动反演配置方案，自动导入当天预处理后的遥感影像数据进行反演，如图 7.31～图 7.33 所示。

（2）土壤墒情反演。根据土壤墒情多源遥感反演算法原理，设置输入参数，利用导入的多源遥感数据，按照算法流程反演土壤墒情。

（3）反演数据自动入库与发布服务。这部分功能是紧随土壤墒情反演自动完成的，包括对反演后的数据进行自动入库与发布服务。数据入库以后，系统调用程序，将反演数据自动发布成栅格影像服务，以便使用。

7.4.2.2 墒情数据融合模块

该模块实现对土壤墒情多源遥感反演结果与土壤墒情监测数据的融合功能。墒情数据融合模块功能列表见表 7.20。

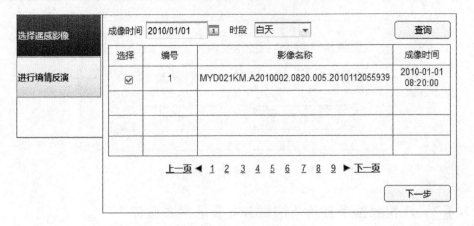

图 7.31 选择遥感影像

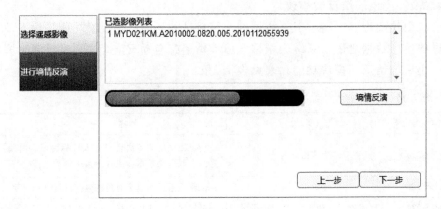

图 7.32 进行墒情反演

反演结果

时间选择 起始时间 2012/04/01 📅 终止时间 2012/04/30 📅   查询

编号	反演数据名称	反演时间	操作
			查看 融合监测测数据

上一页 ◀ 1 2 3 4 5 6 7 8 9 ▶ 下一页

图 7.33 反演结果列表

表 7.20 墒情数据融合模块功能列表

编　号	子 模 块	描　　述
TRSQ23	数据导入	从墒情监测信息数据库中导入目标区域和时段所需的墒情监测数据，并导入相应的墒情反演结果数据
TRSQ24	墒情数据融合	根据数据融合算法进行墒情监测数据和遥感反演结果的融合
TRSQ25	融合数据自动入库	对完成融合的数据进行自动入库与发布服务

　　（1）数据导入。用户根据墒情数据融合需要，设定目标区域与时段，从土壤墒情监测信息数据库和土壤墒情遥感反演数据库中查找并导入所需的土壤墒情监测数据与对应的土壤墒情遥感反演结果数据。

　　（2）墒情数据融合。将土壤墒情反演模块中导入的数据，按照墒情数据融合算法输入算法参数后进行数据融合。

　　（3）融合数据自动入库。这部分功能是紧随墒情数据融合自动完成的，包括对融合后的数据进行自动入库与发布服务。

7.4.3　墒情数据自动反演融合与自动发布服务

　　该模块需要首先对墒情数据自动反演、融合进行配置，设定自动反演、融合的参数。

　　当时间和其他参数满足配置要求的反演、融合参数时，将自动下载遥感影像数据进行数据反演和融合，同时根据墒情/旱情的换算公式计算旱情数据，并发布旱情服务。墒情数据自动反演融合与自动发布服务功能列表见表 7.21。

表 7.21 墒情数据自动融合与发布服务功能列表

编　号	子 模 块	描　　述
TRSQ26	自动服务配置	配置自动反演、融合与发布服务的参数（如何时自动进行反演，将何时的数据搭配进行反演）
TRSQ27	墒情自动反演	依据配置的参数自动将数据进行反演
TRSQ28	墒情自动融合	依据配置的参数自动将数据进行融合
TRSQ29	自动计算旱情数据	根据融合后的墒情数据和墒情/旱情计算公式计算旱情数据
TRSQ30	墒情/旱情自动发布服务	依据配置的参数自动发布墒情/旱情服务

（1）自动服务配置。配置自动融合与发布服务的参数（如何时自动进行反演跟融合，将何时的数据搭配进行反演跟融合，何时自动发布融合结果服务）。

（2）墒情自动反演。依据配置的方案在指定时间自动将数据进行反演。

（3）墒情自动融合。系统执行完墒情自动反演之后，若存在适合的监测数据，则自动进行墒情自动融合（图 7.34 和图 7.35）。

图 7.34　融合监测数据

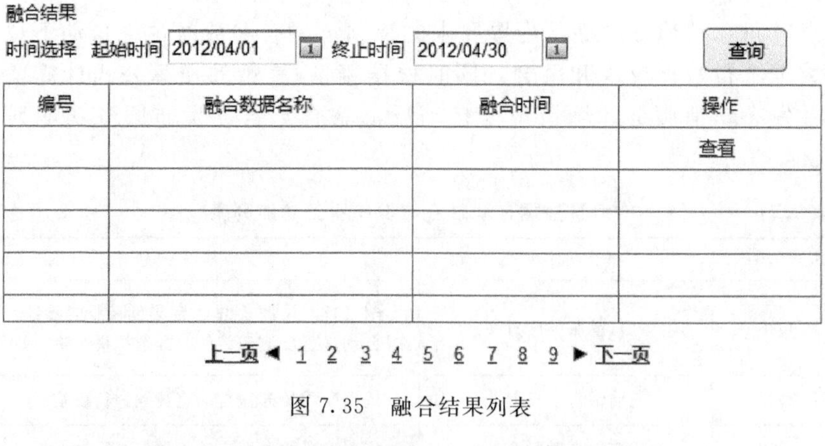

图 7.35　融合结果列表

（4）自动计算旱情数据。根据融合后的墒情数据和墒情/旱情计算公式计算旱情数据。

（5）墒情/旱情自动发布服务。在自动计算土壤墒情数据或旱情数据之后，在服务器端自动发布墒情/旱情数据服务，以便外界调用。

7.4.4　墒情数据查询统计与可视化展示

7.4.4.1　观测墒情数据查询统计模块

该模块用于对地面观测墒情数据的查询与统计分析。数据查询是根据站点及时间范围等对墒情数据进行查询；统计分析是按照站点及时间范围要求，对墒情数据进行统计，自动形成统计图表。主要功能包括单站点统计查询、单站点历年同期分析和多站点对比分析。时间范围选择分为：①任意时间范围选择；②以"天"为尺度，按月份统计；③以"月"为尺度，按年份统计；④以"天"为尺度，每7日进行一次分析。墒情数据查询统计模块功能列表见表7.22。

表 7.22　　　　　　　　墒情数据查询统计模块功能列表

编　号	子模块	描　　述
TRSQ31	单站点统计查询	可以查询某个站点某时间内的10cm、20cm、40cm和平均土壤含水率，并利用柱状图和曲线图两种方式直观地展示
TRSQ32	单站点历年同期分析	可以查询某个站点某天或某月10cm、20cm、40cm和平均土壤含水率与历史同期的比较，并利用柱状图和曲线图两种方式直观地展示
TRSQ33	多站点对比分析	统计某段时间内多个站点的土壤含水率，并利用曲线图展示一段时间的统计，用柱状图展示某天的统计

（1）单站点统计查询。提供墒情查询界面，用户通过选择站点（图7.36）或输入时间范围（图7.37）进行墒情数据检索，系统根据检索关键词返回相关数据列表。单站查询结果如图7.38所示。

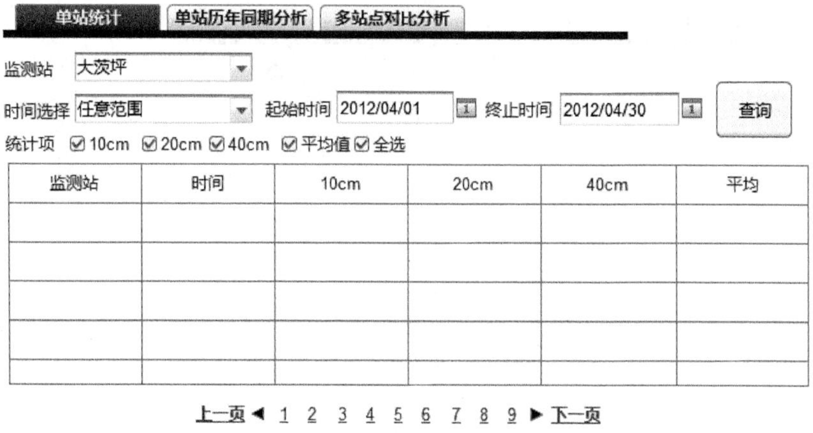

图 7.36　单站监测数据查询统计

图 7.37　时间选择类型

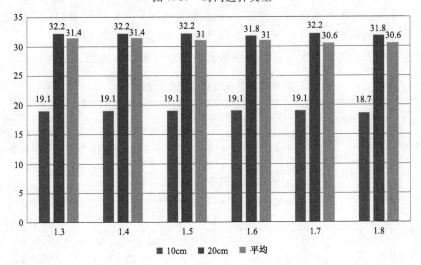

图 7.38　单站监测数据统计图

（2）单站点历年同期分析。用户通过输入时间段并选择站点，可对历史同期墒情数据进行分析（图 7.39），形成历年同期对比统计数据，使用折线图或直方图进行展示。查询的结果如图 7.40 所示。

监测站	时间	10cm	20cm	40cm	平均

上一页 ◀ 1 2 3 4 5 6 7 8 9 ▶ 下一页

图 7.39　单站历年数据查询

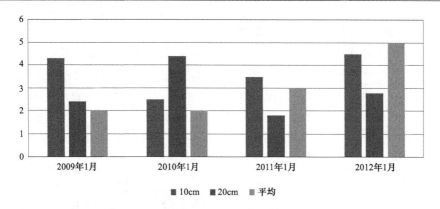

图 7.40 单站历年同期分析图

（3）多站点对比分析。统计某段时间内多个站点的土壤含水率，并用折线图表示一段时间的统计，用柱状图表示某天的统计，如图 7.41 和图 7.42 所示。

图 7.41 多站点监测数据查询

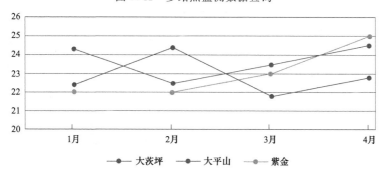

图 7.42 多站点监测数据对比分析图

7.4.4.2 墒情/旱情空间化展示模块

该模块实现墒情/旱情的空间化展示功能，其展示的主要内容是遥感反演墒情数据，并将墒情/旱情数据叠加到地理底图上，地理底图包括地形图、行政区划图、土地分类图等，从而实现地理可视化查询与展示。除了可对地图进行放大、缩小、移动、量测等基本地图功能以外，还提供按行政区划进行墒情/旱情数据查询。墒情/旱情空间化展示模块功能列表见表 7.23。

表 7.23　　　　　　　　墒情/旱情空间化展示模块功能列表

编　　号	子　模　块	描　　　述
TRSQ34	土壤墒情空间化展示查询	将墒情依据其空间分布叠加到相应地理底图上展示、查询
TRSQ35	旱情空间化展示查询	将旱情依据其空间分布叠加到相应地理底图上展示、查询

（1）土壤墒情空间化展示查询。土壤墒情与空间位置密切相关，土壤墒情监测数据和多源遥感数据土壤墒情反演结果都具有空间位置信息。该模块将土壤墒情栅格图与地理底图（图 7.43），如地形图、土地利用现状图、行政区划图进行空间配准叠加，实现土壤墒情的空间化展示，同时根据行政区划进行栅格统计并提供按行政区划进行数据查询。具体的空间化算法由中国科学院寒区旱区环境与工程研究所提供。在进行空间化展示时，首先需要选择展示的内容

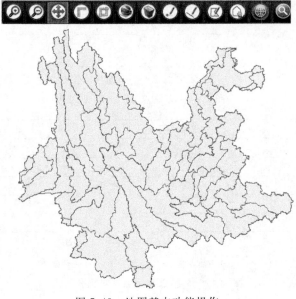

图 7.43　地图基本功能操作

（图 7.44），展示的结果如图 7.45 所示。

图 7.44 墒情数据查询统计

图 7.45 土壤墒情空间化展示

（2）旱情空间化展示。旱情分布具有空间相关性，该模块将旱情栅格图与地理底图，如地形图、土地利用现状图、行政区划图进行空间配准叠加，实现旱情的空间化展示，同时根据行政区划进行栅格统计并提供按行政区划进行数据查询。观测站点墒情与旱情的对应关系由云南省水利水电科学研究院提供，融合数据与旱情的对应关系由中国科学院寒区旱区环境与工程研究所提供。图7.46 是旱情空间化展示的示例。

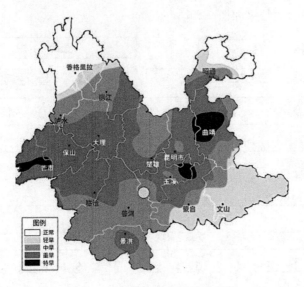

图 7.46　旱情空间化展示示意图

7.4.4.3　墒情/旱情时序化展示模块

该模块实现根据用户设定的时间范围，对已经发布成地理信息服务的墒情/旱情数据进行不同时间点的时间序列化展示功能。墒情/旱情时序化展示模块功能列表见 7.24。

表 7.24　墒情/旱情时序化展示模块功能列表

编　号	子　模　块	描　　述
TRSQ36	墒情时序化展示	对墒情数据进行时序化动态展示
TRSQ37	旱情时序化展示	对旱情数据进行时序化动态展示

（1）墒情时序化展示。对已经空间化并发布成服务的墒情数据按照时间序列依次动态展示，显示墒情随时间变化而变化的特征，如图 7.47 所示。

（2）旱情时序化展示。对已经空间化并发布成服务的旱情数据按照时间序列依次动态展示，显示旱情随时间变化而变化的特征，如图 7.48 所示。

7.4.4.4　专题图打印下载模块

该模块实现专题图在线输出打印和图表文档的下载保存功能。专题图打印下载模块功能列表见表 7.25。

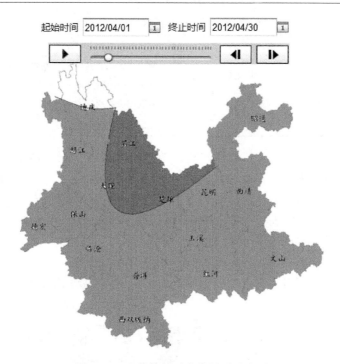

图 7.47 土壤墒情时序化展示示意图

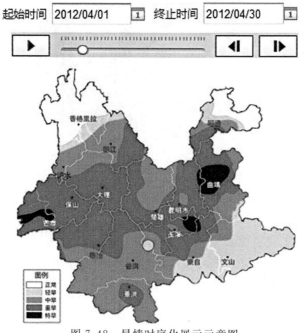

图 7.48 旱情时序化展示示意图

表 7.25　　　　　　　　　　**专题图打印下载模块功能列表**

编　号	子 模 块	描　　述
TRSQ38	专题图生成	将用户查询或系统演算结果生成专题图表，用于屏幕显示或转换为文档输出
TRSQ39	专题图打印	专题图表在线打印
TRSQ40	专题图下载	专题图表下载保存到本地

（1）专题图生成。系统将用户查询检索结果或者土壤墒情遥感反演结果、数据融合结果、旱情计算结果按照用户需求与数据特征生成对应形式的专题图。具体而言，图形部分包括专题地图、数据直方图和折线图，对于数值数据将生成数据报表或以表格、直方图、折线图形式插入专题地图输出。

用户可对专题图表进行简单整饰，加入图名、时间、比例尺、指北针等元素。

（2）专题图打印。图表生成之后，根据需要将专题图直接连接打印机，设置打印参数后打印输出。

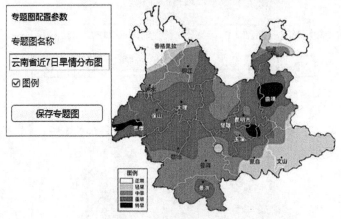

图 7.49　专题图制作与导出

（3）专题图下载。图表生成之后，以 PDF、JPEG 等格式输出，下载保存至本地。

7.5　小结

云南省土壤墒情监测系统能够及时有效地获取全省土壤墒情信息，为相关部门进行旱灾预警和抗灾提供信息支持。该系统一方面能够有效实现对监测站点信息、监测数据和不同类型用户数据及遥感影像元数据等的管理，另一方面还能够通过预先设置好的参数保证系统的自动化运行，减少人为因素带来的误差。此外，该系统还能将旱情分析的结果展示给用户或政府决策部门，从而为更好地了解旱情、合理分配资源提供指导。

参 考 文 献

[1] 云南省科技计划项目：基于多源数据的土壤墒情监测关键技术在抗旱测报中的应用研究（2012CA021）-可行性研究报告 [R]. 2012.

[2] 中华人民共和国水利部. 土壤墒情监测规范 SL 364—2006 [S]. 北京：中国水利水电出版社，2007.

[3] 王振龙，高建峰. 实用土壤墒情监测预报技术 [M]. 北京：中国水利水电出版社，2006.

[4] 中国农业部节水处. 全国土壤墒情监测工作方案 [R]. 2011.